Dietbert Arnold

Pferdewirtprüfung [Bd. 4]

Verordnung & Lehrplan

Dieses Buch gehört: ……………………………………………………………………………….

Foto: Nils Arnold

Dietbert Arnold, Bremen

öffentlich bestellter und vereidigter Sachverständiger für Pferdezucht und -haltung, bestellt von der HK Bremen

Berufsschullehrer für Pferdewirte

Bundessachverständiger der Neuordnung Beruf Pferdewirt

Mitglied in zahlreichen Prüfungsausschüssen des Berufes Pferdewirt

Fachbuch- und Fachsoftwareautor

Betreiber der Internetplatform www.pferdewirtprüfung.de

Kontakt www.hippologe.de

Bibliografische Information der Deutschen Bibliothek

Die Deutsche Bibliothek verzeichnet diese Publikation in der Deutschen Nationalbibliothek; detaillierte bibliografische Daten sind im Internet über http://dnb.d-nb.de abrufbar

Umschlagbild: IG Bauen- Agrar- Umwelt

Herstellung und Verlag: Books on Demand GmbH, Norderstedt

ISBN 978-3-8391-8715-9

Inhalt

Dieses Buch ersetzt nicht den amtlichen Text der Verordnung über die Berufsausbildung zum Pferdewirt/zur Pferdewirtin vom 7. Juni 2010, veröffentlicht im Bundesgesetzblatt, Jahrgang 2010, Teil I Nr. 30, ausgegeben zu Bonn am 10. Juni 2010

Pferdewirt/Pferdewirtin Fachrichtung Pferdehaltung und Service

§ 1 Staatliche Anerkennung des Ausbildungsberufes

Der Ausbildungsberuf Pferdewirt/Pferdewirtin wird nach § 4 Absatz 1 des Berufsbildungsgesetzes staatlich anerkannt.

§ 2 Dauer der Berufsausbildung

Die Ausbildung dauert drei Jahre.

§ 3
Struktur der Ausbildung

Die Berufsausbildung gliedert sich in gemeinsame Ausbildungsinhalte und in die Ausbildung in einer der Fachrichtungen

1. Pferdehaltung und Service,
2. Pferdezucht,
3. Klassische Reitausbildung,
4. Pferderennen,
5. Spezialreitweisen.

§ 4
Ausbildungsrahmenplan, Ausbildungsberufsbild

(1) Gegenstand der Berufsausbildung sind mindestens die im Ausbildungsrahmenplan (Anlage) aufgeführten Fertigkeiten, Kenntnisse und Fähigkeiten (berufliche Handlungsfähigkeit). Eine von dem Ausbildungsrahmenplan abweichende Organisation der Ausbildung ist insbesondere zulässig, soweit betriebspraktische Besonderheiten die Abweichung erfordern.
(2) Die Berufsausbildung zum Pferdewirt/zur Pferdewirtin gliedert sich wie folgt (Ausbildungsberufsbild):

Ab s c h n i t t A
Gemeinsame berufsprofilgebende Fertigkeiten, Kenntnisse und Fähigkeiten:
1. Tiergerechte Pferdehaltung; Pferdefütterung,
2. Tierschutz und Tiergesundheit,
3. Ausbildung und Vorbereitung von Pferden für Zucht und Leistungsprüfungen,
4. Betriebliche Abläufe und Organisation; betriebswirtschaftliche Zusammenhänge,
5. Dienstleistungen, Kundenorientierung, Marketing,
6. Pferdezucht und -aufzucht,
7. Ausrüstung; Einsatz von Maschinen, Geräten und Betriebseinrichtungen;

Ab s c h n i t t B

Weitere berufsprofilgebende Fertigkeiten, Kenntnisse und Fähigkeiten in der Fachrichtung Pferdehaltung und Service:

1. Individuelle Pferdefütterung; Futtergewinnung und -beschaffung,
2. Stall- und Weidemanagement,
3. Bewegen von Pferden im Reiten oder Fahren, Arbeiten an der Longe,
4. Beratung von Kunden und kundenorientierte Anlagenbewirtschaftung;

Ab s c h n i t t G

Gemeinsame integrative Fertigkeiten, Kenntnisse und Fähigkeiten:

1. Aufbau und Organisation des Ausbildungsbetriebes,
2. Berufsbildung, Arbeits- und Tarifrecht,
3. Sicherheit und Gesundheitsschutz bei der Arbeit,
4. Umweltschutz,
5. Naturschutz, ökologische Zusammenhänge, Nachhaltigkeit,
6. Qualitätssichernde Maßnahmen.

§ 5
Durchführung der Berufsausbildung

(1) Die in dieser Verordnung genannten Fertigkeiten, Kenntnisse und Fähigkeiten sollen so vermittelt werden, dass die Auszubildenden zur Ausübung einer qualifizierten beruflichen Tätigkeit im Sinne von § 1 Absatz 3 des Berufsbildungsgesetzes befähigt werden, die insbesondere selbstständiges Planen, Durchführen und Kontrollieren einschließt. Diese Befähigung ist auch in Prüfungen nach den §§ 6 bis 11 nachzuweisen.

(2) Die Ausbildenden haben unter Zugrundelegung des Ausbildungsrahmenplanes für die Auszubildenden einen Ausbildungsplan zu erstellen.

(3) Die Auszubildenden haben jeweils einen schriftlichen Ausbildungsnachweis zu führen. Ihnen ist Gelegenheit zu geben, den schriftlichen Ausbildungsnachweis während der Ausbildungszeit zu führen. Die Ausbildenden haben den schriftlichen Ausbildungsnachweis regelmäßig durchzusehen.

§ 6
Zwischenprüfung

(1) Zur Ermittlung des Ausbildungsstandes ist eine Zwischenprüfung durchzuführen. Sie soll vor dem Ende des zweiten Ausbildungsjahres stattfinden.

(2) Die Zwischenprüfung erstreckt sich auf die in der Anlage für die ersten 18 Ausbildungsmonate aufgeführten Fertigkeiten, Kenntnisse und Fähigkeiten sowie auf den im Berufsschulunterricht zu vermittelnden Lehrstoff, soweit er für die Berufsausbildung wesentlich ist.

(3) Die Zwischenprüfung findet in den Prüfungsbereichen

1. Pferdehaltung und -gesundheit und

2. Pferde bewegen statt.

(4) Für den **Prüfungsbereich Pferdehaltung und –gesundheit** bestehen folgende Vorgaben:

1. Der Prüfling soll nachweisen, dass er
   a) Pferde identifizieren und beurteilen,
   b) Gesundheits- und Ernährungszustand von Pferden beurteilen,
   c) Futtermittel auswählen, Qualität beurteilen und Fütterungen durchführen,
   d) Haltungsbedingungen beurteilen,
   e) Pferde pflegen und versorgen
   und dabei Gesichtspunkte des Tierschutzes, der Sicherheit und des Gesundheitsschutzes bei der Arbeit beachten sowie Arbeitsabläufe planen, durchführen, kontrollieren und die wesentlichen fachlichen Zusammenhänge aufzeigen sowie seine Vorgehensweise begründen kann;
2. der Prüfling soll eine Arbeitsaufgabe durchführen, hierüber ein auftragsbezogenes Fachgespräch führen und berufstypische Aufgaben schriftlich bearbeiten;
3. die Prüfungszeit beträgt insgesamt 150 Minuten; dabei entfallen auf die Arbeitsaufgabe 60 Minuten, innerhalb dieser Zeit soll das Fachgespräch in höchstens 15 Minuten durchgeführt werden; auf die schriftliche Bearbeitung von Aufgaben entfallen 90 Minuten.

(5) Für den **Prüfungsbereich Pferde bewegen** bestehen folgende Vorgaben:

1. Der Prüfling soll nachweisen, dass er
   a) mit Pferden umgehen,
   b) Pferde ausrüsten,
   c) Pferde vorstellen,
   d) grundlegende Erziehung und Ausbildung von Pferden erläutern und dabei fachliche Regelwerke umsetzen, Arbeiten kontrollieren und dokumentieren, betriebliche Rahmenbedingungen, Gesichtspunkte des Tierschutzes, der Sicherheit und des Gesundheitsschutzes bei der Arbeit sowie der Qualitätssicherung beachten, Maßnahmen zur Wirtschaftlichkeit ergreifen, die wesentlichen fachlichen Zusammenhänge aufzeigen sowie seine Vorgehensweise begründen kann;
2. der Prüfling soll eine Arbeitsaufgabe durchführen und hierüber ein auftragsbezogenes Fachgespräch führen;
3. die Prüfungszeit beträgt 60 Minuten; innerhalb dieser Zeit soll das Fachgespräch in höchstens 15 Minuten durchgeführt werden.

§ 7

Abschlussprüfung in der Fachrichtung Pferdehaltung und Service

(1) Durch die Abschlussprüfung ist festzustellen, ob der Prüfling die berufliche Handlungsfähigkeit erworben hat. In der Abschlussprüfung soll der Prüfling nachweisen, dass er die dafür erforderlichen beruflichen Fertigkeiten beherrscht, die notwendigen beruflichen Kenntnisse und Fähigkeiten besitzt und mit dem im Berufsschulunterricht zu vermittelnden, für die Berufsausbildung wesentlichen Lehrstoff vertraut ist. Die Ausbildungsordnung ist zu Grunde zu legen.

(2) Die Abschlussprüfung erstreckt sich auf die in der Anlage in den Abschnitten A, B und G aufgeführten Fertigkeiten, Kenntnisse und Fähigkeiten sowie auf den im Berufsschulunterricht zu vermittelnden Lehrstoff,soweit er für die Berufsausbildung wesentlich ist.

(3) Die Abschlussprüfung besteht aus den Prüfungsbereichen:

1. Kundenberatung und –ausbildung **a) Umgang mit Pferden,** **b) Grunderziehung und Bodenarbeit von Pferden,** **c) Verladen und Transportieren von Pferden,** **d) Gesundheitsvorsorge und Notfälle bei Pferden;**	Praktische Prüfung	60 min
2. Bewegen von Pferden **a) Longieren von Pferden,** **b)ausbalanciertes Reiten von Pferden in allen Gangarten mit sicherer Hilfengebung mit Überwindung kleinerer Hindernisse und Anführen von Ausritten,** **c) Fahren von Pferden in verschiedenen Gangarten mit Durchfahren von Hindernissen und Durchführung von Ausfahrten**	Praktische Prüfung	75 min
3. Haltung und Versorgung von Pferden **a) Planung, Durchführung und Beurteilung der Pferdefütterung,** **b) Beurteilung und Verbesserung von Stallhaltungssystemen und Stallklima,** **c) Gefährdungsbeurteilung,** **d) Beurteilung des**	Praktische Prüfung	60 min

Sperrfach:
keine 5
erlaubt!

Gesundheitszustandes von Pferden, e) Durchführung von Sofortmaßnahmen, Erster Hilfe und Erstellung von Vorsorgeplänen für Pferde, f) Beurteilung des Hufzustandes einschließlich des Beschlages sowie der Stellung der Extremitäten;		
4. Betriebsorganisation a) Planung von Pferdezaunanlagen, b) Bewirtschaftung von Pferdeweiden, c) Bewirtschaftung von Stallanlagen, d) Bedarf, Auswahl, Beschaffung und Lagerung von Futtermitteln, e) Planung von Reit- und Auslaufböden sowie Reitwegen, f) Durchführung von Dienstleistungen	Schriftliche Prüfung	120 min
5. Wirtschafts- und Sozialkunde	Schriftliche Prüfung	45 min

(4) Für den **Prüfungsbereich Kundenberatung und -ausbildung** bestehen folgende Vorgaben:

1. Der Prüfling soll nachweisen, dass er
   a) Ausbildungsmaßnahmen planen, durchführen und kontrollieren,
   b) Kunden beraten und unterstützen,
   c) mit Kunden kommunizieren
   und dabei Kundenwünsche berücksichtigen, betrieblichen Rahmenbedingungen, Gesichtspunkte der Gesundheitsvorsorge bei Pferden, des Tierschutzes, der Sicherheit und des Gesundheitsschutzes bei der Arbeit beachten, Maßnahmen zur Wirtschaftlichkeit ergreifen, die wesentlichen fachlichen Zusammenhänge aufzeigen und seine Vorgehensweise begründen kann;
2. für den Nachweis nach Nummer 1 ist eines der folgenden Gebiete auszuwählen:
   a) Umgang mit Pferden,
   b) Grunderziehung und Bodenarbeit von Pferden,
   c) Verladen und Transportieren von Pferden,
   d) Gesundheitsvorsorge und Notfälle bei Pferden;
3. der Prüfling soll eine Arbeitsaufgabe durchführen und hierüber ein auftragsbezogenes Fachgespräch führen;

4. die Prüfungszeit beträgt 60 Minuten; innerhalb dieser Zeit soll das Fachgespräch in höchstens 15 Minuten durchgeführt werden.

(5) Für den **Prüfungsbereich Bewegen von Pferden** bestehen folgende Vorgaben:

1. Der Prüfling soll nachweisen, dass er Pferde bewegen und dabei Regeln des Straßenverkehrs, Gesichtspunkte des Tierschutzes, des Umweltschutzes sowie der Sicherheit und des Gesundheitsschutzes bei der Arbeit berücksichtigen kann;
2. für den Nachweis nach Nummer 1 sind zwei der folgenden Gebiete auszuwählen, wobei das Gebiet nach Buchstabe a enthalten sein muss:
    a) Longieren von Pferden,
    b) ausbalanciertes Reiten von Pferden in allen Gangarten mit sicherer Hilfengebung mit Überwindung kleinerer Hindernisse und Anführen von Ausritten,
    c) Fahren von Pferden in verschiedenen Gangarten mit Durchfahren von Hindernissen und Durchführung von Ausfahrten;
3. der Prüfling soll eine Arbeitsaufgabe durchführen und hierüber ein auftragsbezogenes Fachgespräch führen;
4. die Prüfungszeit beträgt 75 Minuten; innerhalb dieser Zeit soll das Fachgespräch in höchstens 15 Minuten durchgeführt werden.

(6) Für den **Prüfungsbereich Haltung und Versorgung von Pferden** bestehen folgende Vorgaben:

1. Der Prüfling soll nachweisen, dass er Pferde halten sowie diese versorgen und dabei Arbeitsmittel und -abläufe festlegen, Informationen beschaffen und auswerten, Arbeitszusammenhänge erkennen, Arbeiten kontrollieren und dokumentieren, betriebliche Rahmenbedingungen, Gesichtspunkte der Nachhaltigkeit und des Tierschutzes, der Sicherheit und des Gesundheitsschutzes bei der Arbeit beachten sowie Maßnahmen zur Wirtschaftlichkeit und Qualitätssicherung ergreifen, die wesentlichen fachlichen Zusammenhänge aufzeigen und seine Vorgehensweise begründen kann;
2. für den Nachweis nach Nummer 1 sind zwei der folgenden Gebiete auszuwählen:
    a) Planung, Durchführung und Beurteilung der Pferdefütterung,
    b) Beurteilung und Verbesserung von Stallhaltungssystemen und Stallklima,
    c) Gefährdungsbeurteilung,
    d) Beurteilung des Gesundheitszustandes von Pferden,
    e) Durchführung von Sofortmaßnahmen, Erster Hilfe und Erstellung von Vorsorgeplänen für Pferde,
    f) Beurteilung des Hufzustandes einschließlich des Beschlages sowie der Stellung der Extremitäten;

3. der Prüfling soll eine Arbeitsaufgabe durchführen und hierüber ein auftragsbezogenes Fachgespräch führen;
4. die Prüfungszeit beträgt 60 Minuten; innerhalb dieser Zeit soll das Fachgespräch in höchstens 15 Minuten durchgeführt werden.

(7) Für den **Prüfungsbereich Betriebsorganisation** bestehen folgende Vorgaben:

1. Der Prüfling soll nachweisen, dass er
   a) Betriebsabläufe planen und umsetzen,
   b) Preise kalkulieren,
   c) Verfahren zur Qualitätssicherung einsetzen,
   d) Arbeitsabläufe dokumentieren
   und dabei Maßnahmen zum Umweltschutz, zur Nachhaltigkeit, zum Tierschutz, zur Wirtschaftlichkeit und zur Kundenorientierung sowie berufsspezifische rechtliche Regelungen berücksichtigen kann;
2. für den Nachweis nach Nummer 1 sind zwei der folgenden Gebiete auszuwählen:
   a) Planung von Pferdezaunanlagen,
   b) Bewirtschaftung von Pferdeweiden,
   c) Bewirtschaftung von Stallanlagen,
   d) Bedarf, Auswahl, Beschaffung und Lagerung von Futtermitteln,
   e) Planung von Reit- und Auslaufböden sowie Reitwegen,
   f) Durchführung von Dienstleistungen;
3. der Prüfling soll berufstypische Aufgaben schriftlich bearbeiten;
4. die Prüfungszeit beträgt 120 Minuten.

(8) Für den **Prüfungsbereich Wirtschafts- und Sozialkunde** bestehen folgende Vorgaben:

1. Der Prüfling soll nachweisen, dass er allgemeine wirtschaftliche und gesellschaftliche Zusammenhänge der Berufs- und Arbeitswelt darstellen und beurteilen kann;
2. der Prüfling soll praxisbezogene Aufgaben schriftlich bearbeiten;
3. die Prüfungszeit beträgt 45 Minuten.

(9) Die einzelnen Prüfungsbereiche sind wie folgt zu gewichten:

1. Prüfungsbereich Kundenberatung und -ausbildung	20 %
2. Prüfungsbereich Bewegen von Pferden	20 %
3. Prüfungsbereich Haltung und Versorgung von Pferden	20 %
4. Prüfungsbereich Betriebsorganisation	30 %
5. Prüfungsbereich Wirtschafts- und Sozialkunde	10 %

(10) Die Abschlussprüfung ist bestanden, wenn die Leistungen

1. im Gesamtergebnis mit mindestens „ausreichend“,

2. im Prüfungsbereich Kundenberatung und –ausbildung mit mindestens „ausreichend“,

3. in mindestens drei der übrigen Prüfungsbereiche mit mindestens „ausreichend“,

4. in keinem Prüfungsbereich mit „ungenügend“ bewertet worden sind.

(11) Auf Antrag des Prüflings ist die Prüfung in einem der mit schlechter als „ausreichend“ bewerteten Prüfungsbereiche, in denen Prüfungsleistungen mit eigener Anforderung und Gewichtung schriftlich zu erbringen sind, durch eine mündliche Prüfung von etwa 15 Minuten zu ergänzen, wenn dies für das Bestehen der Prüfung den Ausschlag geben kann. Bei der Ermittlung des Ergebnisses für diesen Prüfungsbereich sind das bisherige Ergebnis und das Ergebnis der mündlichen Ergänzungsprüfung im Verhältnis von 2:1 zu gewichten.

§ 12
Bestehende Berufsausbildungsverhältnisse

Berufsausbildungsverhältnisse, die bei Inkrafttreten dieser Verordnung bestehen, können unter Anrechnung der bisher zurückgelegten Ausbildungszeit nach den Vorschriften dieser Verordnung fortgesetzt werden, wenn die Vertragsparteien dies vereinbaren.

§ 13
Inkrafttreten, Außerkrafttreten

Diese Verordnung tritt am 1. August 2010 in Kraft. Gleichzeitig tritt die Verordnung über die Berufsausbildung zum Pferdewirt vom 1. November 1975 (BGBl. I S. 2719), die durch Artikel 1 Nummer 7 der Verordnung vom 20. Juli 1979 (BGBl. I S. 1145) geändert worden ist, außer Kraft.

Ausbildungsrahmenplan
für die Berufsausbildung zum Pferdewirt/zur Pferdewirtin
Abschnitt A: Gemeinsame berufsprofilgebende Fertigkeiten, Kenntnisse und Fähigkeiten

1	Tiergerechte Pferdehaltung; Pferdefütterung	a) Verhaltensweisen von Pferden analysieren und im Umgang berücksichtigen b) Pferde entsprechend Haltungsform und Verwendung pflegen und füttern c) Pferdehaltungssysteme und Stalltechnik beurteilen d) Pferdehaltungssysteme reinigen, insbesondere Einstreu auswählen, einsetzen und	22 Wochen in 1. Ausbildungshälfte	

		entfernen e) Futtermittel und Einstreu beurteilen und lagern		
		f) Stallklima beurteilen g) Futterrationen gestalten und Fütterung überprüfen		6 Wochen in 2. Ausbildungs-
2	Tierschutz und Tiergesundheit	a) Gesundheitszustand feststellen, Gesundheitsvorsorge durchführen, Notfallpläne erstellen, Tierseuchenprophylaxe umsetzen, hygienische Bestimmungen anwenden sowie Impfpläne erstellen b) Desinfektionsmaßnahmen durchführen c) Sofortmaßnahmen ergreifen d) verletzte und kranke Pferde pflegen e) Hufe begutachten und pflegen f) mit Medikamenten nach tierärztlicher Anweisung umgehen	10 Wochen in 1. Ausbildungshälfte	
		g) Transporte planen, Pferde tiergerecht transportieren und die dafür geltenden rechtlichen Bestimmungen anwenden		2 Wochen in 2. Ausbildungshälfte
3	Ausbildung und Vorbereitung von Pferden für Zucht- und Leistungsprüfungen	a) grundlegende Ausbildungs- und Trainingsmethoden anwenden b) Grunderziehung durchführen c) Pferde bewegen d) Pferde zu Präsentationen vorbereiten	20 Wochen in 1. Ausbildungshälfte	
		e) Ausbildungsmaßnahmen für Pferde planen, durchführen und kontrollieren		8 Wochen in 2. Ausbildungshälfte
4	Betriebliche Abläufe und Organisation; betriebswirtschaftliche	a) Arbeits- und Betriebsanweisungen umsetzen b) Arbeitsabläufe nach rechtlichen, wirtschaftlichen und ergonomischen Anforderungen	8 Wochen in 1. Ausbildungshälfte	

	Zusammen-hänge	planen, durchführen und kontrollieren c) Arbeitsplatz vorbereiten und Maßnahmen zur Vermeidung von Personen-, Tier- und Sachschäden treffen d) Eingang und Verbrauch von Betriebsmitteln erfassen e) betriebliche Kommunikations- und Informationssysteme nutzen, dabei Standardsoftware und arbeitsplatzspezifische Software anwenden f) Informationen beschaffen und auswerten g) Aufgaben abstimmen und teamorientiert durchführen h) Gespräche situationsgerecht führen und Konflikte im Team lösen		
		i) Personen bei Routinearbeiten anleiten und beaufsichtigen j) Arbeitsergebnisse dokumentieren, beurteilen und präsentieren k) gesetzliche und berufsbezogene Regelungen anwenden, insbesondere anzeigepflichtige Tierseuchen, Tierkörperbeseitigungsgesetz sowie gesetzliche Haftungsregelungen beachten l) betriebliche Kosten und kalkulieren m) Markt- und Preisinformationen einholen, vergleichen und bewerten n) rechtliche Regelungen des An- und Verkaufs von Pferden erläutern o) bei Geschäftsvorgängen mitwirken, insbesondere Angebote vergleichen,		5 Wochen in 2. Aus-bildungs-hälfte

		Bestellungen vorbereiten, Rechnungen kontrollieren		
5	Dienst-leistungen, Kunden-orientierung, Marketing	a) die Wirkung des eigenen Erscheinungsbildes und Auftretens einschätzen und beim Umgang mit Kunden berücksichtigen b) Informationen, Wünsche und Reklamationen von Kunden entgegennehmen, Bearbeitung abstimmen und bei der Arbeitserledigung berücksichtigen c) Kundengespräche situationsgerecht führen	6 Wochen in 1. Aus-bildungs-hälfte	
		d) betriebliches Leistungsangebot zur Gewinnung und Bindung von Kunden präsentieren e) bei der Planung von Werbemaßnahmen mitwirken, Werbemaßnahmen umsetzen f) Kunden in fachlichen Fragen beraten		3 Wochen in 2. Aus-bildungs-hälfte
6	Pferdezucht und -aufzucht	a) Pferde identifizieren und beurteilen b) rassetypische Merkmale, insbesondere im Hinblick auf Anatomie und Physiologie, erläutern c) Organisation und Strukturen der Pferdezucht erläutern	6 Wochen in 1. Aus-bildungs-hälfte	
		d) Grundlagen der Trächtigkeit und des Abfohlens erläutern und bei der Haltung, Versorgung und beim Bewegen von Pferden berücksichtigen e) Grundlagen der Aufzucht erläutern und bei der Haltung, Versorgung und beim Bewegen von Pferden berücksichtigen		2 Wochen in 2. Aus-bildungs-hälfte
7	Ausrüstung; Einsatz von Maschinen, Geräten und Betriebs-	a) Ausrüstung und Hilfsmittel auswählen und einsetzen b) Ausrüstung und Hilfsmittel reinigen, pflegen, prüfen und warten	6 Wochen in 1. Aus-bildungs-hälfte	

	einrichtungen	c) Mängel an Ausrüstung und Hilfsmitteln feststellen und Maßnahmen zur Instandsetzung ergreifen d) Maschinen und Geräte bedienen, dabei Werterhaltung beachten e) Schutzmaßnahmen an Maschinen und elektrischen Anlagen beachten f) Maschinen, Geräte und Betriebseinrichtungen reinigen, pflegen, prüfen und warten g) Störungen an Maschinen und Betriebseinrichtungen feststellen und Maßnahmen zur Instandsetzung ergreifen h) Erste-Hilfe-Maßnahmen anwenden i) Betriebs- und Werkstoffe einsetzen und lagern		
8	Individuelle Pferde-fütterung; Futter-gewinnung und -beschaffung	a) Futtermittel beschaffen und dabei Faktoren der Preisbildung berücksichtigen b) bei der Ernte von Grundfutter mitwirken, Grundfutter einlagern c) Qualität von Futtermitteln beurteilen und Rückschlüsse auf Futterernte, -lagerung und -einsatz ziehen d) Futtermittellagerung organisieren, Lagertemperaturen überwachen und dokumentieren e) Futterproben nehmen, Trockenmasse bestimmen, Analysen in Auftrag geben und auswerten f) Futterrationen berechnen, Fütterungen durchführen und beurteilen g) Giftpflanzen identifizieren, Vergiftungen vermeiden und Notfallmaßnahmen		13 Wochen in 2. Ausbildungs-hälfte

		organisieren		
9	Stall- und Weide-management	a) Bewirtschaftung von Pferdeweiden unter Berücksichtigung von Wachstumsfaktoren organisieren und Pflegemaßnahmen durchführen b) Nährstoffbedarf unter Berücksichtigung von Analyseergebnissen ermitteln, Düngemaßnahmen planen, Düngung durchführen oder in Auftrag geben, Ergebnisse kontrollieren und dokumentieren c) Ausläufe einrichten, pflegen und kontrollieren d) Pferdezäune planen, bauen, Kontrollen organisieren, durchführen und dokumentieren sowie Maßnahmen zur Beseitigung von Mängeln ergreifen e) Pferde in Herden zusammenstellen f) Belegungs- und Nutzungspläne erstellen g) Arbeitsabläufe organisieren und koordinieren h) Reitböden im Hinblick auf Standort und Nutzung beurteilen und instand halten i) Sicherheitsmaßnahmen durchsetzen j) Preise erfassen und Kosten kalkulieren		13 Wochen in 2. Ausbildungs-hälfte
10	Bewegung von Pferden im Reiten oder Fahren, Arbeiten an der Longe	a) Pferde an der Longe arbeiten b) Pferde bewegen und beschäftigen c) Kondition ausgebildeter Pferde erhalten d) Ausritte oder Ausfahrten organisieren und durchführen e) Pferde verladen und		13 Wochen in 2. Ausbildungs-hälfte

		transportieren		
11	Beratung von Kunden und kunden-orientierte Anlagen-bewirtschaftung	a) Ausbildungsmaßnahmen für den Umgang mit und die Erziehung von Pferden sowie für Bodenarbeit und Bewegung durchführen b) Kunden im Verladen und Transportieren von Pferden ausbilden und bei Zucht- und Leistungsprüfungen sowie Wettbewerben unterstützen c) über tiergerechte Pferdefütterung beraten und auf Risiken hinweisen d) über tiergerechte Pferdehaltung und Gesundheitsvorsorge beraten, auf Risiken hinweisen und in Notfallmaßnahmen einweisen e) bei der Auswahl, Ausrüstung von Pferden, Reitern und Reiterinnen beraten f) Kundenwünsche ermitteln und darauf reagieren g) Informations- und Werbemaßnahmen sowie Veranstaltungen planen und umsetzen, dabei aktuelle Entwicklungen in der Pferdewirtschaft berücksichtigen h) über Möglichkeiten und Kosten der Pferdehaltung sowie Trainings- und Ausbildungsmöglichkeiten beraten		13 Wochen in 2. Ausbildungshälfte
12	Aufbau und Organisation des Ausbildungs-betriebes	a) Aufbau und Aufgaben des ausbildenden Betriebes erläutern b) Grundfunktionen des ausbildenden Betriebes, wie Beschaffung, Vermarktung und	während der gesamten Ausbildung	

		Verwaltung, erklären c) Beziehungen des ausbildenden Betriebes und seiner Beschäftigten zu Wirtschaftsorganisationen, Berufsvertretungen und Gewerkschaften nennen d) Grundlagen, Aufgabe und Arbeitsweise der betriebsverfassungs- und personalvertretungsrechtlichen Organe des ausbildenden Betriebes beschreiben	
13	Berufsbildung, Arbeits- und Tarifrecht	a) Bedeutung des Ausbildungsvertrages, insbesondere Abschluss, Dauer und Beendigung, erklären b) gegenseitige Rechte und Pflichten aus dem Ausbildungsvertrag nennen c) Möglichkeiten der beruflichen Fortbildung nennen d) wesentliche Teile des Arbeitsvertrages nennen e) wesentliche Bestimmungen der für den ausbildenden Betrieb geltenden Tarifverträge nennen	während der gesamten Ausbildung
14	Sicherheit und Gesundheits-schutz bei der Arbeit	a) Gefährdung von Sicherheit und Gesundheit am Arbeitsplatz feststellen und Maßnahmen zu ihrer Vermeidung ergreifen b) berufsbezogene Arbeitsschutz- und Unfallverhütungsvorschriften anwenden c) Verhaltensweisen bei Unfällen beschreiben sowie erste Maßnahmen einleiten d) Vorschriften des vorbeugenden Brandschutzes anwenden; Verhaltensweisen bei Bränden	während der gesamten Ausbildung

		beschreiben und Maßnahmen zur Brandbekämpfung ergreifen	
15	Umweltschutz	Zur Vermeidung betriebsbedingter Umweltbelastungen im beruflichen Einwirkungsbereich beitragen, insbesondere: a) über mögliche Umweltbelastungen durch den Ausbildungsbetrieb Auskunft geben und seinen Beitrag zum Umweltschutz an Beispielen erklären b) für den Ausbildungsbetrieb geltende Regelungen des Umweltschutzes anwenden c) Möglichkeiten der wirtschaftlichen und umweltschonenden Energie- und Materialverwendung nutzen d) Abfälle vermeiden, Stoffe und Materialien einer umweltschonenden Entsorgung zuführen	während der gesamten Ausbildung
16	Naturschutz, ökologische Zusammen-hänge, Nachhaltigkeit	a) geltende Regelungen des Naturschutzes anwenden b) ökologische Zusammenhänge beachten c) Bedeutung von Lebensräumen für Mensch, Tier und Pflanzen erklären sowie Lebensräume an Beispielen beschreiben d) Bedeutung und Ziele des Naturschutzes bei der Arbeit beschreiben e) Nachhaltigkeitsaspekte bei der Pferdehaltung, der Pferdezucht sowie der Ausbildung von Pferden,	während der gesamten Ausbildung

		Reitern und Reiterinnen beachten	
17	Qualitäts-sichernde Maßnahmen	a) Ziele und Aufgaben der betrieblichen Qualitätssicherung erläutern b) betriebliche Qualitätsstandards anwenden c) Ursachen von Fehlern und Qualitätsmängeln aufzeigen, dokumentieren und zu deren Behebung beitragen	während der gesamten Ausbildung

Pferdewirt/Pferdewirtin Fachrichtung Pferdezucht

§ 1 Staatliche Anerkennung des Ausbildungsberufes

Der Ausbildungsberuf Pferdewirt/Pferdewirtin wird nach § 4 Absatz 1 des Berufsbildungsgesetzes staatlich anerkannt.

§ 2 Dauer der Berufsausbildung

Die Ausbildung dauert drei Jahre.

§ 3
Struktur der Ausbildung

Die Berufsausbildung gliedert sich in gemeinsame Ausbildungsinhalte und in die Ausbildung in einer der Fachrichtungen

1. Pferdehaltung und Service,
2. Pferdezucht,
3. Klassische Reitausbildung,
4. Pferderennen,
5. Spezialreitweisen.

§ 4
Ausbildungsrahmenplan, Ausbildungsberufsbild

(1) Gegenstand der Berufsausbildung sind mindestens die im Ausbildungsrahmenplan (Anlage) aufgeführten Fertigkeiten, Kenntnisse und Fähigkeiten (berufliche Handlungsfähigkeit). Eine von dem Ausbildungsrahmenplan abweichende Organisation der Ausbildung ist insbesondere zulässig, soweit betriebspraktische Besonderheiten die Abweichung erfordern.
(2) Die Berufsausbildung zum Pferdewirt/zur Pferdewirtin gliedert sich wie folgt (Ausbildungsberufsbild):

Abschnitt A

Gemeinsame berufsprofilgebende Fertigkeiten, Kenntnisse und Fähigkeiten:
1. Tiergerechte Pferdehaltung; Pferdefütterung,
2. Tierschutz und Tiergesundheit,
3. Ausbildung und Vorbereitung von Pferden für Zucht und Leistungsprüfungen,
4. Betriebliche Abläufe und Organisation; betriebswirtschaftliche Zusammenhänge,
5. Dienstleistungen, Kundenorientierung, Marketing,
6. Pferdezucht und -aufzucht,
7. Ausrüstung; Einsatz von Maschinen, Geräten und Betriebseinrichtungen;

Abschnitt B

Weitere berufsprofilgebende Fertigkeiten, Kenntnisse und Fähigkeiten in der Fachrichtung Pferdehaltung und Service:

1. Individuelle Pferdefütterung; Futtergewinnung und -beschaffung,
2. Stall- und Weidemanagement,
3. Bewegen von Pferden im Reiten oder Fahren, Arbeiten an der Longe,
4. Beratung von Kunden und kundenorientierte Anlagenbewirtschaftung;

Abschnitt G

Gemeinsame integrative Fertigkeiten, Kenntnisse und Fähigkeiten:

1. Aufbau und Organisation des Ausbildungsbetriebes,
2. Berufsbildung, Arbeits- und Tarifrecht,
3. Sicherheit und Gesundheitsschutz bei der Arbeit,
4. Umweltschutz,
5. Naturschutz, ökologische Zusammenhänge, Nachhaltigkeit,
6. Qualitätssichernde Maßnahmen.

§ 5
Durchführung der Berufsausbildung

(1) Die in dieser Verordnung genannten Fertigkeiten, Kenntnisse und Fähigkeiten sollen so vermittelt werden, dass die Auszubildenden zur Ausübung einer qualifizierten beruflichen Tätigkeit im Sinne von § 1 Absatz 3 des Berufsbildungsgesetzes befähigt werden, die insbesondere selbstständiges Planen, Durchführen und Kontrollieren einschließt. Diese Befähigung ist auch in Prüfungen nach den §§ 6 bis 11 nachzuweisen.

(2) Die Ausbildenden haben unter Zugrundelegung des Ausbildungsrahmenplanes für die Auszubildenden einen Ausbildungsplan zu erstellen.

(3) Die Auszubildenden haben jeweils einen schriftlichen Ausbildungsnachweis zu führen. Ihnen ist Gelegenheit zu geben, den schriftlichen Ausbildungsnachweis während der Ausbildungszeit zu führen. Die Ausbildenden haben den schriftlichen Ausbildungsnachweis regelmäßig durchzusehen.

§ 6
Zwischenprüfung

(1) Zur Ermittlung des Ausbildungsstandes ist eine Zwischenprüfung durchzuführen. Sie soll vor dem Ende des zweiten Ausbildungsjahres stattfinden.

(2) Die Zwischenprüfung erstreckt sich auf die in der Anlage für die ersten 18 Ausbildungsmonate aufgeführten Fertigkeiten, Kenntnisse und Fähigkeiten sowie auf den im Berufsschulunterricht zu vermittelnden Lehrstoff, soweit er für die Berufsausbildung wesentlich ist.

(3) Die Zwischenprüfung findet in den Prüfungsbereichen

1. Pferdehaltung und -gesundheit und

2. Pferde bewegen statt.

(4) Für den **Prüfungsbereich Pferdehaltung und –gesundheit** bestehen folgende Vorgaben:

1. Der Prüfling soll nachweisen, dass er
   a) Pferde identifizieren und beurteilen,
   b) Gesundheits- und Ernährungszustand von Pferden beurteilen,
   c) Futtermittel auswählen, Qualität beurteilen und Fütterungen durchführen,
   d) Haltungsbedingungen beurteilen,
   e) Pferde pflegen und versorgen
   und dabei Gesichtspunkte des Tierschutzes, der Sicherheit und des Gesundheitsschutzes bei der Arbeit beachten sowie Arbeitsabläufe planen, durchführen, kontrollieren und die wesentlichen fachlichen Zusammenhänge aufzeigen sowie seine Vorgehensweise begründen kann;
2. der Prüfling soll eine Arbeitsaufgabe durchführen, hierüber ein auftragsbezogenes Fachgespräch führen und berufstypische Aufgaben schriftlich bearbeiten;
3. die Prüfungszeit beträgt insgesamt 150 Minuten; dabei entfallen auf die Arbeitsaufgabe 60 Minuten, innerhalb dieser Zeit soll das Fachgespräch in höchstens 15 Minuten durchgeführt werden; auf die schriftliche Bearbeitung von Aufgaben entfallen 90 Minuten.

(5) Für den **Prüfungsbereich Pferde bewegen** bestehen folgende Vorgaben:

1. Der Prüfling soll nachweisen, dass er
   a) mit Pferden umgehen,
   b) Pferde ausrüsten,
   c) Pferde vorstellen,
   d) grundlegende Erziehung und Ausbildung von Pferden erläutern und dabei fachliche Regelwerke umsetzen, Arbeiten kontrollieren und dokumentieren, betriebliche Rahmenbedingungen, Gesichtspunkte des Tierschutzes, der Sicherheit und des Gesundheitsschutzes bei der Arbeit sowie der Qualitätssicherung beachten, Maßnahmen zur Wirtschaftlichkeit ergreifen, die wesentlichen fachlichen Zusammenhänge aufzeigen sowie seine Vorgehensweise begründen kann;
2. der Prüfling soll eine Arbeitsaufgabe durchführen und hierüber ein auftragsbezogenes Fachgespräch führen;
3. die Prüfungszeit beträgt 60 Minuten; innerhalb dieser Zeit soll das Fachgespräch in höchstens 15 Minuten durchgeführt werden.

§ 8

Abschlussprüfung in der Fachrichtung Pferdezucht

(1) Durch die Abschlussprüfung ist festzustellen, ob der Prüfling die berufliche Handlungsfähigkeit erworben hat. In der Abschlussprüfung soll der Prüfling nachweisen, dass er die dafür erforderlichen beruflichen Fertigkeiten beherrscht, die notwendigen beruflichen Kenntnisse und Fähigkeiten besitzt und mit dem im Berufsschulunterricht zu vermittelnden, für die Berufsausbildung wesentlichen Lehrstoff vertraut ist. Die Ausbildungsordnung ist zu Grunde zu legen.

(2) Die Abschlussprüfung erstreckt sich auf die in der Anlage in den Abschnitten A, C und G aufgeführten Fertigkeiten, Kenntnisse und Fähigkeiten sowie auf den im Berufsschulunterricht zu vermittelnden Lehrstoff, soweit er für die Berufsausbildung wesentlich ist.

(3) Die Abschlussprüfung besteht aus den Prüfungsbereichen:

1. Durchführung von Zuchtmaßnahmen **a) Abprobieren von Stuten,** **b) Durchführung von Reproduktionsmaßnahmen,** **c) Vorbereitung und Begleitung von Abfohlungen,** **d) Versorgung von Stuten und Fohlen nach der Geburt;**	Praktische Prüfung	45 min
2. Haltung und Betreuung von Zuchtpferden **a) Beurteilung von Haltungssystemen und Zusammenstellung von Pferdegruppen,** **b) Planung und Durchführung leistungsgerechter Fütterung,** **c) Planung und Realisierung von Maßnahmen der Grünlandbewirtschaftung,** **d) gesundheitliche Betreuung von Zuchtpferden entsprechend der Regelwerke,** **e) Planung, Überwachung und Erläuterung von Pferdetransporten;**	Praktische Prüfung	60 min
3. Vorstellen von Pferden **a) Pferde identifizieren,** **b) Pferde auf Zuchtveranstaltungen vorbereiten,** **c) Zuchtpferde rassespezifisch präsentieren,** **d) Pferde beurteilen und rangieren**	Praktische Prüfung	45 min
4. Planung und Organisation der Pferdezucht	Schriftliche	120 min

Sperrfach: keine 5 erlaubt!

a) Vererbungsvorgänge darstellen, b) Zuchtziele und Zuchtkriterien erläutern, c) Methoden der Pferdezucht darstellen, d) Hygienemaßnahmen im Zuchtbetrieb planen und beurteilen, e) Kunden züchterisch beraten und unterstützen	Prüfung	
5. Wirtschafts- und Sozialkunde	Schriftliche Prüfung	45 min

(4) Für den **Prüfungsbereich Durchführung von Zuchtmaßnahmen** bestehen folgende Vorgaben:

1. Der Prüfling soll nachweisen, dass er Zuchtmaßnahmen im Laufe eines Fortpflanzungszyklus durchführen sowie Deck- und Abfohlregister führen und dabei gesetzliche Vorgaben und fachliche Regelwerke umsetzen, Arbeitsmittel und -abläufe festlegen, betriebliche Rahmenbedingungen, Gesichtspunkte der Qualitätssicherung, des Tierschutzes, der Sicherheit und des Gesundheitsschutzes bei der Arbeit beachten, Maßnahmen zur Wirtschaftlichkeit ergreifen, die wesentlichen fachlichen Zusammenhänge aufzeigen und seine Vorgehensweise begründen kann;
2. für den Nachweis nach Nummer 1 ist mindestens eines der folgenden Gebiete auszuwählen:
   a) Abprobieren von Stuten,
   b) Durchführung von Reproduktionsmaßnahmen,
   c) Vorbereitung und Begleitung von Abfohlungen,
   d) Versorgung von Stuten und Fohlen nach der Geburt;
3. der Prüfling soll eine Arbeitsaufgabe durchführen und hierüber ein auftragsbezogenes Fachgespräch führen;
4. die Prüfungszeit beträgt 45 Minuten; innerhalb dieser Zeit soll das Fachgespräch in höchstens 15 Minuten durchgeführt werden.

(5) Für den **Prüfungsbereich Haltung und Betreuung von Zuchtpferden** bestehen folgende Vorgaben:

1. Der Prüfling soll nachweisen, dass er Zuchtpferde in einem Zuchtbetrieb halten sowie diese betreuen und dabei gesetzliche Vorgaben und fachliche Regelwerke umsetzen, Arbeitsmittel und -abläufe festlegen, Informationen beschaffen und auswerten, Arbeitszusammenhänge erkennen, Arbeiten kontrollieren und dokumentieren, betriebliche Rahmenbedingungen, Gesichtspunkte der Qualitätssicherung, der Nachhaltigkeit und des Tierschutzes, der Sicherheit und des Gesundheitsschutzes bei der Arbeit beachten sowie Maßnahmen zur Wirtschaftlichkeit ergreifen, die wesentlichen

fachlichen Zusammenhänge aufzeigen und seine Vorgehensweise begründen kann;

2. für den Nachweis nach Nummer 1 sind zwei der folgenden Gebiete auszuwählen:
   a) Beurteilung von Haltungssystemen und Zusammenstellung von Pferdegruppen,
   b) Planung und Durchführung leistungsgerechter Fütterung,
   c) Planung und Realisierung von Maßnahmen der Grünlandbewirtschaftung,
   d) gesundheitliche Betreuung von Zuchtpferden entsprechend der Regelwerke,
   e) Planung, Überwachung und Erläuterung von Pferdetransporten;
3. der Prüfling soll eine Arbeitsaufgabe durchführen und hierüber ein auftragsbezogenes Fachgespräch führen;
4. die Prüfungszeit beträgt 60 Minuten; innerhalb dieser Zeit soll das Fachgespräch in höchstens 15 Minuten durchgeführt werden.

(6) Für den **Prüfungsbereich Vorstellen von Pferden** bestehen folgende Vorgaben:

1. Der Prüfling soll nachweisen, dass er
   a) Pferde identifizieren,
   b) Pferde auf Zuchtveranstaltungen vorbereiten,
   c) Zuchtpferde rassespezifisch präsentieren,
   d) Pferde beurteilen und rangieren und dabei zuchtbezogene Regelwerke und Leistungsprüfungsanforderungen umsetzen, Arbeitsmittel und -abläufe festlegen, Arbeiten kontrollieren und dokumentieren, Gesichtspunkte der Qualitätssicherung, der Nachhaltigkeit und des Tierschutzes, Sicherheit und des Gesundheitsschutzes bei der Arbeit beachten sowie Maßnahmen zur Wirtschaftlichkeit ergreifen, die wesentlichen fachlichen Zusammenhänge aufzeigen und seine Vorgehensweise begründen kann;
2. der Prüfling soll eine Arbeitsaufgabe durchführen und hierüber ein auftragsbezogenes Fachgespräch führen;
3. die Prüfungszeit beträgt 60 Minuten; innerhalb dieser Zeit soll das Fachgespräch in höchstens 15 Minuten durchgeführt werden.

(7) Für den **Prüfungsbereich Planung und Organisation der Pferdezucht** bestehen folgende Vorgaben:

1. Der Prüfling soll nachweisen, dass er
   a) Vererbungsvorgänge darstellen,
   b) Zuchtziele und Zuchtkriterien erläutern,
   c) Methoden der Pferdezucht darstellen,
   d) Hygienemaßnahmen im Zuchtbetrieb planen und beurteilen,
   e) Kunden züchterisch beraten und unterstützen und dabei gesetzliche Vorgaben und fachliche Regelwerke umsetzen, Informationen beschaffen und auswerten, betriebliche Rahmenbedingungen,

Gesichtspunkte der Qualitätssicherung, der Nachhaltigkeit und des Tierschutzes beachten, Maßnahmen zur Wirtschaftlichkeit und die wesentlichen fachlichen Zusammenhänge darstellen sowie Lösungen begründen kann;

2. der Prüfling soll berufstypische Aufgaben schriftlich bearbeiten;
3. die Prüfungszeit beträgt 120 Minuten.

(8) Für den **Prüfungsbereich Wirtschafts- und Sozialkunde** bestehen folgende Vorgaben:

1. Der Prüfling soll nachweisen, dass er allgemeine wirtschaftliche und gesellschaftliche Zusammenhänge der Berufs- und Arbeitswelt darstellen und beurteilen kann;
2. der Prüfling soll praxisbezogene Aufgaben schriftlich bearbeiten;
3. die Prüfungszeit beträgt 45 Minuten.

(9) Die einzelnen Prüfungsbereiche sind wie folgt zu gewichten:

1. Prüfungsbereich Durchführung von Zuchtmaßnahmen	20%
2. Prüfungsbereich Haltung und Betreuung von Zuchtpferden	20%
3. Prüfungsbereich Vorstellen von Pferden	20%
4. Prüfungsbereich Planung und Organisation der Pferdezucht	30%
5. Prüfungsbereich Wirtschafts- und Sozialkunde	10%

(10) Die Abschlussprüfung ist bestanden, wenn die Leistungen

1. im Gesamtergebnis mit mindestens „ausreichend“,
2. im Prüfungsbereich Durchführung von Zuchtmaßnahmen mit mindestens „ausreichend“,
3. in mindestens drei der übrigen Prüfungsbereiche mit mindestens „ausreichend“ und
4. in keinem Prüfungsbereich mit „ungenügend“ bewertet worden sind.

(11) Auf Antrag des Prüflings ist die Prüfung in einem der mit schlechter als „ausreichend“ bewerteten Prüfungsbereiche, in denen Prüfungsleistungen mit eigener Anforderung und Gewichtung schriftlich zu erbringen sind, durch eine mündliche Prüfung von etwa 15 Minuten zu ergänzen, wenn dies für das Bestehen der Prüfung den Ausschlag geben kann. Bei der Ermittlung des Ergebnisses für diesen Prüfungsbereich sind das bisherige Ergebnis und das Ergebnis der mündlichen Ergänzungsprüfung im Verhältnis von 2:1 zu gewichten.

§ 12
Bestehende Berufsausbildungsverhältnisse

Berufsausbildungsverhältnisse, die bei Inkrafttreten dieser Verordnung bestehen, können unter Anrechnung der bisher zurückgelegten Ausbildungszeit nach den Vorschriften dieser Verordnung fortgesetzt werden, wenn die Vertragsparteien dies vereinbaren.

§ 13
Inkrafttreten, Außerkrafttreten

Diese Verordnung tritt am 1. August 2010 in Kraft. Gleichzeitig tritt die Verordnung über die Berufsausbildung zum Pferdewirt vom 1. November 1975 (BGBl. I S. 2719), die durch Artikel 1 Nummer 7 der Verordnung vom 20. Juli 1979 (BGBl. I S. 1145) geändert worden ist, außer Kraft.

Ausbildungsrahmenplan
für die Berufsausbildung zum Pferdewirt/zur Pferdewirtin
Abschnitt A: Gemeinsame berufsprofilgebende Fertigkeiten, Kenntnisse und Fähigkeiten

1	Tiergerechte Pferdehaltung; Pferdefütterung	a) Verhaltensweisen von Pferden analysieren und im Umgang berücksichtigen b) Pferde entsprechend Haltungsform und Verwendung pflegen und füttern c) Pferdehaltungssysteme und Stalltechnik beurteilen d) Pferdehaltungssysteme reinigen, insbesondere Einstreu auswählen, einsetzen und entfernen e) Futtermittel und Einstreu beurteilen und lagern	22 Wochen in 1. Ausbildungshälfte	
		f) Stallklima beurteilen g) Futterrationen gestalten und Fütterung überprüfen		6 Wochen in 2. Ausbildungs-
2	Tierschutz und Tiergesundheit	a) Gesundheitszustand feststellen, Gesundheitsvorsorge durchführen, Notfallpläne erstellen, Tierseuchenprophylaxe umsetzen, hygienische Bestimmungen anwenden sowie Impfpläne erstellen b) Desinfektionsmaßnahmen durchführen c) Sofortmaßnahmen ergreifen d) verletzte und kranke Pferde pflegen e) Hufe begutachten und pflegen f) mit Medikamenten nach	10 Wochen in 1. Ausbildungshälfte	

		tierärztlicher Anweisung umgehen		
		g) Transporte planen, Pferde tiergerecht transportieren und die dafür geltenden rechtlichen Bestimmungen anwenden		2 Wochen in 2. Ausbildungshälfte
3	Ausbildung und Vorbereitung von Pferden für Zucht- und Leistungsprüfungen	a) grundlegende Ausbildungs- und Trainingsmethoden anwenden b) Grunderziehung durchführen c) Pferde bewegen d) Pferde zu Präsentationen vorbereiten	20 Wochen in 1. Ausbildungshälfte	
		e) Ausbildungsmaßnahmen für Pferde planen, durchführen und kontrollieren		8 Wochen in 2. Ausbildungshälfte
4	Betriebliche Abläufe und Organisation; betriebswirtschaftliche Zusammenhänge	a) Arbeits- und Betriebsanweisungen umsetzen b) Arbeitsabläufe nach rechtlichen, wirtschaftlichen und ergonomischen Anforderungen planen, durchführen und kontrollieren c) Arbeitsplatz vorbereiten und Maßnahmen zur Vermeidung von Personen-, Tier- und Sachschäden treffen d) Eingang und Verbrauch von Betriebsmitteln erfassen e) betriebliche Kommunikations- und Informationssysteme nutzen, dabei Standardsoftware und arbeitsplatzspezifische Software anwenden f) Informationen beschaffen und auswerten g) Aufgaben abstimmen und teamorientiert durchführen h) Gespräche situationsgerecht führen und Konflikte im Team lösen	8 Wochen in 1. Ausbildungshälfte	

		i) Personen bei Routinearbeiten anleiten und beaufsichtigen j) Arbeitsergebnisse dokumentieren, beurteilen und präsentieren k) gesetzliche und berufsbezogene Regelungen anwenden, insbesondere anzeigepflichtige Tierseuchen, Tierkörperbeseitigungsgesetz sowie gesetzliche Haftungsregelungen beachten l) betriebliche Kosten und kalkulieren m) Markt- und Preisinformationen einholen, vergleichen und bewerten n) rechtliche Regelungen des An- und Verkaufs von Pferden erläutern o) bei Geschäftsvorgängen mitwirken, insbesondere Angebote vergleichen, Bestellungen vorbereiten, Rechnungen kontrollieren		5 Wochen in 2. Ausbildungshälfte
5	Dienstleistungen, Kundenorientierung, Marketing	a) die Wirkung des eigenen Erscheinungsbildes und Auftretens einschätzen und beim Umgang mit Kunden berücksichtigen b) Informationen, Wünsche und Reklamationen von Kunden entgegennehmen, Bearbeitung abstimmen und bei der Arbeitserledigung berücksichtigen c) Kundengespräche situationsgerecht führen	6 Wochen in 1. Ausbildungshälfte	
		d) betriebliches Leistungsangebot zur Gewinnung und Bindung von Kunden präsentieren e) bei der Planung von Werbemaßnahmen mitwirken, Werbemaßnahmen umsetzen f) Kunden in fachlichen Fragen		3 Wochen in 2. Ausbildungshälfte

		beraten		
6	Pferdezucht und -aufzucht	a) Pferde identifizieren und beurteilen b) rassetypische Merkmale, insbesondere im Hinblick auf Anatomie und Physiologie, erläutern c) Organisation und Strukturen der Pferdezucht erläutern	6 Wochen in 1. Ausbildungshälfte	
		d) Grundlagen der Trächtigkeit und des Abfohlens erläutern und bei der Haltung, Versorgung und beim Bewegen von Pferden berücksichtigen e) Grundlagen der Aufzucht erläutern und bei der Haltung, Versorgung und beim Bewegen von Pferden berücksichtigen		2 Wochen in 2. Ausbildungshälfte
7	Ausrüstung; Einsatz von Maschinen, Geräten und Betriebseinrichtungen	a) Ausrüstung und Hilfsmittel auswählen und einsetzen b) Ausrüstung und Hilfsmittel reinigen, pflegen, prüfen und warten c) Mängel an Ausrüstung und Hilfsmitteln feststellen und Maßnahmen zur Instandsetzung ergreifen d) Maschinen und Geräte bedienen, dabei Werterhaltung beachten c) Schutzmaßnahmen an Maschinen und elektrischen Anlagen beachten f) Maschinen, Geräte und Betriebseinrichtungen reinigen, pflegen, prüfen und warten g) Störungen an Maschinen und Betriebseinrichtungen feststellen und Maßnahmen zur Instandsetzung ergreifen h) Erste-Hilfe-Maßnahmen	6 Wochen in 1. Ausbildungshälfte	

		anwenden i) Betriebs- und Werkstoffe einsetzen und lagern		
8	Zucht-methoden, Zuchtplanung, Zuchthygiene	a) Zuchtmethoden, insbesondere die Rein- und Kreuzungszucht an Hand von Pedigrees, bewerten b) Vererbungsvorgänge erläutern und in der Zucht anwenden c) Maßnahmen zur Zuchthygiene planen, durchführen, kontrollieren und dokumentieren d) Zuchtkriterien unter Einbeziehung genetischer Hintergründe bewerten und für die Zuchtplanung nutzen e) Kunden bei der Zuchtplanung und Zuchthygiene von Pferden beraten		12 Wochen in 2. Ausbildungs-hälfte
9	Pferde-beurteilung, Pferderassen	a) Zuchtziele und besondere Eignungen von Pferderassen erläutern b) Pferde hinsichtlich Eignung und Bedeutung für die züchterische Nutzung beurteilen, rangieren und auswählen c) Zusammenhang von Exterieurmerkmalen und Leistungsfähigkeit sowie Gesundheit erläutern d) Kunden bei der Auswahl geeigneter Pferde beraten		13 Wochen in 2. Ausbildungs-hälfte
10	Reproduktion und Aufzucht	a) Stuten abprobieren, Natursprung veranlassen und künstliche Besamung durchführen b) Stuten auf die Geburt vorbereiten und Geburtsvorgang unterstützen c) Stuten und Fohlen nach der Geburt versorgen d) rassespezifische Absetz- und Aufzuchtverfahren anwenden und Pferdegruppen zusammenstellen		14 Wochen in 2. Ausbildungs-hälfte

		e) Gesundheitszustand bei Zucht- und Jungpferden feststellen, Krankheiten erkennen und Maßnahmen ergreifen f) Gesundheitsvorsorge bei Zucht- und Jungpferden durchführen g) Zucht- und Jungpferde füttern h) Futterproben nehmen, Analysen in Auftrag geben und auswerten i) Bewirtschaftung von Grünland unter Berücksichtigung von Wachstumsfaktoren organisieren und Pflegemaßnahmen durchführen j) Nährstoffbedarf unter Berücksichtigung von Analyseergebnissen ermitteln, Düngemaßnahmen planen, Düngung durchführen oder in Auftrag geben, Ergebnisse kontrollieren und dokumentieren k) Formen der Weidehaltung sowie der Aufstallung für Zucht- und Jungpferde planen, beurteilen und umsetzen		
11	Vorstellung von Pferden bei Zuchtschauen und Prüfungen	a) Zuchtprogramme von Zuchtorganisationen darstellen b) Pferde bei den jeweiligen Zuchtorganisationen entsprechend den Vorgaben registrieren lassen c) Zuchtpferde durch Ausbildung, Training und Haltungsbedingungen auf Zuchtveranstaltungen vorbereiten d) Pferde bei Zuchtveranstaltungen vorstellen e) Zuchtpferde den Kunden präsentieren		14 Wochen in 2. Ausbildungshälfte

12	Aufbau und Organisation des Ausbildungs- betriebes	a) Aufbau und Aufgaben des ausbildenden Betriebes erläutern b) Grundfunktionen des ausbildenden Betriebes, wie Beschaffung, Vermarktung und Verwaltung, erklären c) Beziehungen des ausbildenden Betriebes und seiner Beschäftigten zu Wirtschaftsorganisationen, Berufsvertretungen und Gewerkschaften nennen d) Grundlagen, Aufgabe und Arbeitsweise der betriebsverfassungs- und personalvertretungsrechtlichen Organe des ausbildenden Betriebes beschreiben	während der gesamten Ausbildung
13	Berufsbildung, Arbeits- und Tarifrecht	a) Bedeutung des Ausbildungsvertrages, insbesondere Abschluss, Dauer und Beendigung, erklären b) gegenseitige Rechte und Pflichten aus dem Ausbildungsvertrag nennen c) Möglichkeiten der beruflichen Fortbildung nennen d) wesentliche Teile des Arbeitsvertrages nennen e) wesentliche Bestimmungen der für den ausbildenden Betrieb geltenden Tarifverträge nennen	während der gesamten Ausbildung
14	Sicherheit und Gesundheits- schutz bei der Arbeit	a) Gefährdung von Sicherheit und Gesundheit am Arbeitsplatz feststellen und Maßnahmen zu ihrer Vermeidung ergreifen b) berufsbezogene Arbeitsschutz- und Unfallverhütungsvorschriften anwenden c) Verhaltensweisen bei Unfällen beschreiben sowie erste Maßnahmen einleiten	während der gesamten Ausbildung

		d) Vorschriften des vorbeugenden Brandschutzes anwenden; Verhaltensweisen bei Bränden beschreiben und Maßnahmen zur Brandbekämpfung ergreifen	
15	Umweltschutz	Zur Vermeidung betriebsbedingter Umweltbelastungen im beruflichen Einwirkungsbereich beitragen, insbesondere: a) über mögliche Umweltbelastungen durch den Ausbildungsbetrieb Auskunft geben und seinen Beitrag zum Umweltschutz an Beispielen erklären b) für den Ausbildungsbetrieb geltende Regelungen des Umweltschutzes anwenden c) Möglichkeiten der wirtschaftlichen und umweltschonenden Energie- und Materialverwendung nutzen d) Abfälle vermeiden, Stoffe und Materialien einer umweltschonenden Entsorgung zuführen	während der gesamten Ausbildung
16	Naturschutz, ökologische Zusammen-hänge, Nachhaltigkeit	a) geltende Regelungen des Naturschutzes anwenden b) ökologische Zusammenhänge beachten c) Bedeutung von Lebensräumen für Mensch, Tier und Pflanzen erklären sowie Lebensräume an Beispielen beschreiben d) Bedeutung und Ziele des Naturschutzes bei der Arbeit beschreiben e) Nachhaltigkeitsaspekte bei der Pferdehaltung, der Pferdezucht sowie der Ausbildung	während der gesamten Ausbildung

		von Pferden, Reitern und Reiterinnen beachten	
17	Qualitäts-sichernde Maßnahmen	a) Ziele und Aufgaben der betrieblichen Qualitätssicherung erläutern b) betriebliche Qualitätsstandards anwenden c) Ursachen von Fehlern und Qualitätsmängeln aufzeigen, dokumentieren und zu deren Behebung beitragen	während der gesamten Ausbildung

Pferdewirt/Pferdewirtin Fachrichtung Klassische Reitausbildung

§ 1 Staatliche Anerkennung des Ausbildungsberufes

Der Ausbildungsberuf Pferdewirt/Pferdewirtin wird nach § 4 Absatz 1 des Berufsbildungsgesetzes staatlich anerkannt.

§ 2 Dauer der Berufsausbildung

Die Ausbildung dauert drei Jahre.

§ 3
Struktur der Ausbildung

Die Berufsausbildung gliedert sich in gemeinsame Ausbildungsinhalte und in die Ausbildung in einer der Fachrichtungen

1. Pferdehaltung und Service,
2. Pferdezucht,
3. Klassische Reitausbildung,
4. Pferderennen,
5. Spezialreitweisen.

§ 4
Ausbildungsrahmenplan, Ausbildungsberufsbild

(1) Gegenstand der Berufsausbildung sind mindestens die im Ausbildungsrahmenplan (Anlage) aufgeführten Fertigkeiten, Kenntnisse und Fähigkeiten (berufliche Handlungsfähigkeit). Eine von dem Ausbildungsrahmenplan abweichende Organisation der Ausbildung ist insbesondere zulässig, soweit betriebspraktische Besonderheiten die Abweichung erfordern.
(2) Die Berufsausbildung zum Pferdewirt/zur Pferdewirtin gliedert sich wie folgt (Ausbildungsberufsbild):

Ab s c h n i t t A
Gemeinsame berufsprofilgebende Fertigkeiten, Kenntnisse und Fähigkeiten:
1. Tiergerechte Pferdehaltung; Pferdefütterung,
2. Tierschutz und Tiergesundheit,
3. Ausbildung und Vorbereitung von Pferden für Zucht und Leistungsprüfungen,
4. Betriebliche Abläufe und Organisation; betriebswirtschaftliche Zusammenhänge,
5. Dienstleistungen, Kundenorientierung, Marketing,
6. Pferdezucht und -aufzucht,
7. Ausrüstung; Einsatz von Maschinen, Geräten und Betriebseinrichtungen;

Ab s c h n i t t B
Weitere berufsprofilgebende Fertigkeiten, Kenntnisse und Fähigkeiten in der Fachrichtung Pferdehaltung und Service:
1. Individuelle Pferdefütterung; Futtergewinnung und -beschaffung,
2. Stall- und Weidemanagement,
3. Bewegen von Pferden im Reiten oder Fahren, Arbeiten an der Longe,
4. Beratung von Kunden und kundenorientierte Anlagenbewirtschaftung;

Ab s c h n i t t G
Gemeinsame integrative Fertigkeiten, Kenntnisse und Fähigkeiten:
1. Aufbau und Organisation des Ausbildungsbetriebes,
2. Berufsbildung, Arbeits- und Tarifrecht,
3. Sicherheit und Gesundheitsschutz bei der Arbeit,
4. Umweltschutz,
5. Naturschutz, ökologische Zusammenhänge, Nachhaltigkeit,
6. Qualitätssichernde Maßnahmen.

§ 5
Durchführung der Berufsausbildung

(1) Die in dieser Verordnung genannten Fertigkeiten, Kenntnisse und Fähigkeiten sollen so vermittelt werden, dass die Auszubildenden zur Ausübung einer qualifizierten beruflichen Tätigkeit im Sinne von § 1 Absatz 3 des Berufsbildungsgesetzes befähigt werden, die insbesondere selbstständiges Planen, Durchführen und Kontrollieren einschließt. Diese Befähigung ist auch in Prüfungen nach den §§ 6 bis 11 nachzuweisen.
(2) Die Ausbildenden haben unter Zugrundelegung des Ausbildungsrahmenplanes für die Auszubildenden einen Ausbildungsplan zu erstellen.
(3) Die Auszubildenden haben jeweils einen schriftlichen Ausbildungsnachweis zu führen. Ihnen ist Gelegenheit zu geben, den schriftlichen Ausbildungsnachweis während der Ausbildungszeit zu führen. Die Ausbildenden haben den schriftlichen Ausbildungsnachweis regelmäßig durchzusehen.

§ 6
Zwischenprüfung

(1) Zur Ermittlung des Ausbildungsstandes ist eine Zwischenprüfung durchzuführen. Sie soll vor dem Ende des zweiten Ausbildungsjahres stattfinden.
(2) Die Zwischenprüfung erstreckt sich auf die in der Anlage für die ersten 18 Ausbildungsmonate aufgeführten Fertigkeiten, Kenntnisse und Fähigkeiten sowie auf den im Berufsschulunterricht zu vermittelnden Lehrstoff, soweit er für die Berufsausbildung wesentlich ist.
(3) Die Zwischenprüfung findet in den Prüfungsbereichen

1. Pferdehaltung und -gesundheit und

2. Pferde bewegen statt.

(4) Für den **Prüfungsbereich Pferdehaltung und –gesundheit** bestehen folgende Vorgaben:

1. Der Prüfling soll nachweisen, dass er
   a) Pferde identifizieren und beurteilen,
   b) Gesundheits- und Ernährungszustand von Pferden beurteilen,
   c) Futtermittel auswählen, Qualität beurteilen und Fütterungen durchführen,
   d) Haltungsbedingungen beurteilen,
   e) Pferde pflegen und versorgen
   und dabei Gesichtspunkte des Tierschutzes, der Sicherheit und des Gesundheitsschutzes bei der Arbeit beachten sowie Arbeitsabläufe planen, durchführen, kontrollieren und die wesentlichen fachlichen Zusammenhänge aufzeigen sowie seine Vorgehensweise begründen kann;
2. der Prüfling soll eine Arbeitsaufgabe durchführen, hierüber ein auftragsbezogenes Fachgespräch führen und berufstypische Aufgaben schriftlich bearbeiten;
3. die Prüfungszeit beträgt insgesamt 150 Minuten; dabei entfallen auf die Arbeitsaufgabe 60 Minuten, innerhalb dieser Zeit soll das Fachgespräch in höchstens 15 Minuten durchgeführt werden; auf die schriftliche Bearbeitung von Aufgaben entfallen 90 Minuten.

(5) Für den **Prüfungsbereich Pferde bewegen** bestehen folgende Vorgaben:

1. Der Prüfling soll nachweisen, dass er
   a) mit Pferden umgehen,
   b) Pferde ausrüsten,
   c) Pferde vorstellen,
   d) grundlegende Erziehung und Ausbildung von Pferden erläutern und dabei fachliche Regelwerke umsetzen, Arbeiten kontrollieren und dokumentieren, betriebliche Rahmenbedingungen, Gesichtspunkte des Tierschutzes, der Sicherheit und des Gesundheitsschutzes bei der Arbeit sowie der Qualitätssicherung beachten, Maßnahmen zur Wirtschaftlichkeit ergreifen, die wesentlichen fachlichen Zusammenhänge aufzeigen sowie seine Vorgehensweise begründen kann;
2. der Prüfling soll eine Arbeitsaufgabe durchführen und hierüber ein auftragsbezogenes Fachgespräch führen;
3. die Prüfungszeit beträgt 60 Minuten; innerhalb dieser Zeit soll das Fachgespräch in höchstens 15 Minuten durchgeführt werden.

§ 9

Abschlussprüfung in der Fachrichtung Klassische Reitausbildung

(1) Durch die Abschlussprüfung ist festzustellen, ob der Prüfling die berufliche Handlungsfähigkeit erworben hat. In der Abschlussprüfung soll der Prüfling nachweisen, dass er die dafür erforderlichen beruflichen Fertigkeiten beherrscht, die notwendigen beruflichen Kenntnisse und Fähigkeiten besitzt und mit dem im Berufsschulunterricht zu vermittelnden, für die Berufsausbildung wesentlichen Lehrstoff vertraut ist. Die Ausbildungsordnung ist zu Grunde zu legen.
(2) Die Abschlussprüfung erstreckt sich auf die in der Anlage in den Abschnitten A, D und G aufgeführten Fertigkeiten, Kenntnisse und Fähigkeiten sowie auf den im Berufsschulunterricht zu vermittelnden Lehrstoff, soweit er für die Berufsausbildung wesentlich ist.
(3) Die Abschlussprüfung besteht aus den Prüfungsbereichen:

1. Dressurausbildung **a) Pferde in ihrer Eignung als Reitpferd beurteilen,** **b) Ausrüstung von Reitpferden beurteilen,** **c) verschiedene Pferde dressurmäßig entsprechend der Skala der Ausbildung gymnastizieren und deren Ausbildungsstand beurteilen,** **d) Pferde in Dressuraufgaben bis zum Schwierigkeitsgrad der beginnenden Versammlung nach den Kriterien einer Dressurreiterprüfung auf Kandare vorstellen**	praktische Prüfung	45 min
2. Springausbildung **a) Pferde in ihrer Eignung als Springpferd beurteilen,** **b) Ausrüstung von Springpferden beurteilen,** **c) Pferde über Sprünge und Hindernisreihen nach der Skala der Ausbildung gymnastizieren und deren Ausbildungsstand beurteilen,** **d) Pferde in Springparcours bis zum Schwierigkeitsgrad von 1,20 Meter Höhe nach den Kriterien einer Standardstilspringprüfung vorstellen**	praktische Prüfung	**45 min**
3. Ausbildung von Reitern und Reiterinnen **a) den Ausbildungsstand von Reitern und Reiterinnen analysieren sowie deren**	praktische Prüfung	60 min

Sperrfach:
keine 5
erlaubt!

Ausbildungswege planen und korrigieren, b) Reiter und Reiterinnen in dressurmäßigen Trainingseinheiten bis zum Schwierigkeitsgrad der beginnenden Versammlung unterrichten, c) Reiter und Reiterinnen in springgymnastischen Trainingseinheiten bis zum Schwierigkeitsgrad von 1,20 Meter Höhe unterrichten		
4. Pferdegesundheit, Reit- und Sportlehre a) Planung und Beurteilung leistungsgerechter Haltung von Pferden, b) Darstellung von Kriterien der Pferdefütterung, Auswahl von Futtermitteln sowie Berechnung und Beurteilung leistungsgerechter Futterrationen, c) Planung und Beurteilung von Maßnahmen zur gesundheitlichen Betreuung von Pferden, d) Planung und Beurteilung der Ausbildung, des Trainings und des Einsatzes von Pferden, e) Planung und Beurteilung der Ausbildung und des Trainings von Reitern und Reiterinnen unter Berücksichtigung von Bewegungs- und Trainingslehre, f) Planung und Beurteilung von Wettkampfvorbereitung und Transport von Pferden;	schriftliche Prüfung	120 min
5. Wirtschafts- und Sozialkunde	schriftliche Prüfung	45 min

(4) Für den **Prüfungsbereich Dressurausbildung** bestehen folgende Vorgaben:

1. Der Prüfling soll nachweisen, dass er
   a) Pferde in ihrer Eignung als Reitpferd beurteilen,
   b) Ausrüstung von Reitpferden beurteilen,
   c) verschiedene Pferde dressurmäßig entsprechend der Skala der Ausbildung gymnastizieren und deren Ausbildungsstand beurteilen,
   d) Pferde in Dressuraufgaben bis zum Schwierigkeitsgrad der beginnenden Versammlung nach den Kriterien einer Dressurreiterprüfung auf Kandare vorstellen und dabei

Gesichtspunkte der Gesundheitsvorsorge bei Pferden, des Tierschutzes, der Sicherheit und des Gesundheitsschutzes bei der Arbeit beachten, die wesentlichen fachlichen Zusammenhänge aufzeigen und seine Vorgehensweise begründen kann;

2. der Prüfling soll eine Arbeitsaufgabe durchführen und hierüber ein auftragsbezogenes Fachgespräch führen;
3. die Prüfungszeit beträgt 45 Minuten; innerhalb dieser Zeit soll das Fachgespräch in höchstens 15 Minuten durchgeführt werden.

(5) Für den **Prüfungsbereich Springausbildung** bestehen folgende Vorgaben:

1. Der Prüfling soll nachweisen, dass er
   a) Pferde in ihrer Eignung als Springpferd beurteilen,
   b) Ausrüstung von Springpferden beurteilen,
   c) Pferde über Sprünge und Hindernisreihen nach der Skala der Ausbildung gymnastizieren und deren Ausbildungsstand beurteilen,
   d) Pferde in Springparcours bis zum Schwierigkeitsgrad von 1,20 Meter Höhe nach den Kriterien einer Standardstilspringprüfung vorstellen und dabei Gesichtspunkte der Gesundheitsvorsorge bei Pferden, des Tierschutzes, der Sicherheit und des Gesundheitsschutzes bei der Arbeit beachten, die wesentlichen fachlichen Zusammenhänge aufzeigen und seine Vorgehensweise begründen kann;
2. der Prüfling soll eine Arbeitsaufgabe durchführen und hierüber ein auftragsbezogenes Fachgespräch führen;
3. die Prüfungszeit beträgt 45 Minuten; innerhalb dieser Zeit soll das Fachgespräch in höchstens 15 Minuten durchgeführt werden.

(6) Für den **Prüfungsbereich Ausbildung von Reitern und Reiterinnen** bestehen folgende Vorgaben:

1. Der Prüfling soll nachweisen, dass er
   a) den Ausbildungsstand von Reitern und Reiterinnen analysieren sowie deren Ausbildungswege planen und korrigieren,
   b) Reiter und Reiterinnen in dressurmäßigen Trainingseinheiten bis zum Schwierigkeitsgrad der beginnenden Versammlung unterrichten,
   c) Reiter und Reiterinnen in springgymnastischen Trainingseinheiten bis zum Schwierigkeitsgrad von 1,20 Meter Höhe unterrichten und dabei fachliche Regelwerke umsetzen, Trainingsmittel und -abläufe festlegen, Arbeiten kontrollieren und dokumentieren, betriebliche Rahmenbedingungen, Gesichtspunkte der Qualitätssicherung, des Tierschutzes, der Sicherheit und des Gesundheitsschutzes bei der Arbeit beachten, Maßnahmen zur Wirtschaftlichkeit ergreifen, die wesentlichen fachlichen Zusammenhänge aufzeigen und seine Vorgehensweise begründen kann;

2. der Prüfling soll eine Arbeitsaufgabe durchführen und hierüber ein auftragsbezogenes Fachgespräch führen;
3. die Prüfungszeit beträgt 60 Minuten, innerhalb dieser Zeit soll das Fachgespräch in höchstens 15 Minuten durchgeführt werden.

(7) Für den **Prüfungsbereich Pferdegesundheit, Reit- und Sportlehre** bestehen folgende Vorgaben:

1. Der Prüfling soll nachweisen, dass er
   a) Pferde betreuen und gesunderhalten,
   b) Pferde, Reiter und Reiterinnen ausbilden sowie trainieren und dabei den Tierschutz, wirtschaftliche, technische und organisatorische Aspekte sowie rechtliche Vorgaben beachten kann;
2. für den Nachweis nach Nummer 1 sind zwei der folgenden Gebiete auszuwählen, wobei eines der Gebiete nach den Buchstaben a bis c sowie eines nach den Buchstaben d bis f auszuwählen ist:
   a) Planung und Beurteilung leistungsgerechter Haltung von Pferden,
   b) Darstellung von Kriterien der Pferdefütterung, Auswahl von Futtermitteln sowie Berechnung und Beurteilung leistungsgerechter Futterrationen,
   c) Planung und Beurteilung von Maßnahmen zur gesundheitlichen Betreuung von Pferden,
   d) Planung und Beurteilung der Ausbildung, des Trainings und des Einsatzes von Pferden,
   e) Planung und Beurteilung der Ausbildung und des Trainings von Reitern und Reiterinnen unter Berücksichtigung von Bewegungs- und Trainingslehre,
   f) Planung und Beurteilung von Wettkampfvorbereitung und Transport von Pferden;
3. der Prüfling soll berufstypische Aufgaben schriftlich bearbeiten;
4. die Prüfungszeit beträgt 120 Minuten.

(8) Für den **Prüfungsbereich Wirtschafts- und Sozialkunde** bestehen folgende Vorgaben:

1. Der Prüfling soll nachweisen, dass er allgemeine wirtschaftliche und gesellschaftliche Zusammenhänge der Berufs- und Arbeitswelt darstellen und beurteilen kann;
2. der Prüfling soll praxisbezogene Aufgaben schriftlich bearbeiten;
3. die Prüfungszeit beträgt 45 Minuten.

(9) Die einzelnen Prüfungsbereiche sind wie folgt zu gewichten:

1. Prüfungsbereich Dressurausbildung	20 %
2. Prüfungsbereich Springausbildung	20 %
3. Prüfungsbereich Ausbildung von Reitern und Reiterinnen	20 %

4. Prüfungsbereich Pferdegesundheit,Reit- und Sportlehre	30 %
5. Prüfungsbereich Wirtschafts- und Sozialkunde	10 %

(10) Die Abschlussprüfung ist bestanden, wenn die Leistungen

1. im Gesamtergebnis mit mindestens „ausreichend“,
2. im Prüfungsbereich Dressurausbildung mit mindestens „ausreichend“,
3. in mindestens drei der übrigen Prüfungsbereiche mit mindestens „ausreichend“ und
4. in keinem Prüfungsbereich mit „ungenügend“ bewertet worden sind.

(11) Auf Antrag des Prüflings ist die Prüfung in einem der mit schlechter als „ausreichend“ bewerteten Prüfungsbereiche, in denen Prüfungsleistungen mit eigener Anforderung und Gewichtung schriftlich zu erbringen erbringen sind, durch eine mündliche Prüfung von etwa 15 Minuten zu ergänzen, wenn dies für das Bestehen der Prüfung den Ausschlag geben kann. Bei der Ermittlung des Ergebnisses für diesen Prüfungsbereich sind das bisherige Ergebnis und das Ergebnis der mündlichen Ergänzungsprüfung im Verhältnis von 2:1 zu gewichten.

§ 12
Bestehende Berufsausbildungsverhältnisse

Berufsausbildungsverhältnisse, die bei Inkrafttreten dieser Verordnung bestehen, können unter Anrechnung der bisher zurückgelegten Ausbildungszeit nach den Vorschriften dieser Verordnung fortgesetzt werden, wenn die Vertragsparteien dies vereinbaren.

§ 13
Inkrafttreten, Außerkrafttreten

Diese Verordnung tritt am 1. August 2010 in Kraft. Gleichzeitig tritt die Verordnung über die Berufsausbildung zum Pferdewirt vom 1. November 1975 (BGBl. I S. 2719), die durch Artikel 1 Nummer 7 der Verordnung vom 20. Juli 1979 (BGBl. I S. 1145) geändert worden ist, außer Kraft.

Ausbildungsrahmenplan
für die Berufsausbildung zum Pferdewirt/zur Pferdewirtin
Abschnitt A: Gemeinsame berufsprofilgebende Fertigkeiten, Kenntnisse und Fähigkeiten

1	Tiergerechte Pferdehaltung; Pferdefütterung	a) Verhaltensweisen von Pferden analysieren und im Umgang berücksichtigen b) Pferde entsprechend Haltungsform und Verwendung	22 Wochen in 1. Ausbildungshälfte	

		pflegen und füttern c) Pferdehaltungssysteme und Stalltechnik beurteilen d) Pferdehaltungssysteme reinigen, insbesondere Einstreu auswählen, einsetzen und entfernen e) Futtermittel und Einstreu beurteilen und lagern		
		f) Stallklima beurteilen g) Futterrationen gestalten und Fütterung überprüfen		6 Wochen in 2. Ausbildungs-
2	Tierschutz und Tiergesundheit	a) Gesundheitszustand feststellen, Gesundheitsvorsorge durchführen, Notfallpläne erstellen, Tierseuchenprophylaxe umsetzen, hygienische Bestimmungen anwenden sowie Impfpläne erstellen b) Desinfektionsmaßnahmen durchführen c) Sofortmaßnahmen ergreifen d) verletzte und kranke Pferde pflegen e) Hufe begutachten und pflegen f) mit Medikamenten nach tierärztlicher Anweisung umgehen	10 Wochen in 1. Ausbildungshälfte	
		g) Transporte planen, Pferde tiergerecht transportieren und die dafür geltenden rechtlichen Bestimmungen anwenden		2 Wochen in 2. Ausbildungshälfte
3	Ausbildung und Vorbereitung von Pferden für Zucht- und Leistungsprüfungen	a) grundlegende Ausbildungs- und Trainingsmethoden anwenden b) Grunderziehung durchführen c) Pferde bewegen d) Pferde zu Präsentationen vorbereiten	20 Wochen in 1. Ausbildungshälfte	

		e) Ausbildungsmaßnahmen für Pferde planen, durchführen und kontrollieren		8 Wochen in 2. Ausbildungshälfte
4	Betriebliche Abläufe und Organisation; betriebswirtschaftliche Zusammenhänge	a) Arbeits- und Betriebsanweisungen umsetzen b) Arbeitsabläufe nach rechtlichen, wirtschaftlichen und ergonomischen Anforderungen planen, durchführen und kontrollieren c) Arbeitsplatz vorbereiten und Maßnahmen zur Vermeidung von Personen-, Tier- und Sachschäden treffen d) Eingang und Verbrauch von Betriebsmitteln erfassen e) betriebliche Kommunikations- und Informationssysteme nutzen, dabei Standardsoftware und arbeitsplatzspezifische Software anwenden f) Informationen beschaffen und auswerten g) Aufgaben abstimmen und teamorientiert durchführen h) Gespräche situationsgerecht führen und Konflikte im Team lösen	8 Wochen in 1. Ausbildungshälfte	
		i) Personen bei Routinearbeiten anleiten und beaufsichtigen j) Arbeitsergebnisse dokumentieren, beurteilen und präsentieren k) gesetzliche und berufsbezogene Regelungen anwenden, insbesondere anzeigepflichtige Tierseuchen, Tierkörperbeseitigungsgesetz sowie gesetzliche Haftungsregelungen beachten l) betriebliche Kosten und kalkulieren		5 Wochen in 2. Ausbildungshälfte

		m) Markt- und Preisinformationen einholen, vergleichen und bewerten n) rechtliche Regelungen des An- und Verkaufs von Pferden erläutern o) bei Geschäftsvorgängen mitwirken, insbesondere Angebote vergleichen, Bestellungen vorbereiten, Rechnungen kontrollieren		
5	Dienst-leistungen, Kunden-orientierung, Marketing	a) die Wirkung des eigenen Erscheinungsbildes und Auftretens einschätzen und beim Umgang mit Kunden berücksichtigen b) Informationen, Wünsche und Reklamationen von Kunden entgegennehmen, Bearbeitung abstimmen und bei der Arbeitserledigung berücksichtigen c) Kundengespräche situationsgerecht führen	6 Wochen in 1. Ausbildungs-hälfte	
		d) betriebliches Leistungsangebot zur Gewinnung und Bindung von Kunden präsentieren e) bei der Planung von Werbemaßnahmen mitwirken, Werbemaßnahmen umsetzen f) Kunden in fachlichen Fragen beraten		3 Wochen in 2. Ausbildungs-hälfte
6	Pferdezucht und -aufzucht	a) Pferde identifizieren und beurteilen b) rassetypische Merkmale, insbesondere im Hinblick auf Anatomie und Physiologie, erläutern c) Organisation und Strukturen der Pferdezucht erläutern	6 Wochen in 1. Ausbildungs-hälfte	
		d) Grundlagen der Trächtigkeit und des Abfohlens erläutern und bei der Haltung, Versorgung und beim Bewegen von Pferden		2 Wochen in 2. Ausbildungs-

		berücksichtigen e) Grundlagen der Aufzucht erläutern und bei der Haltung, Versorgung und beim Bewegen von Pferden berücksichtigen		hälfte
7	Ausrüstung; Einsatz von Maschinen, Geräten und Betriebs-einrichtungen	a) Ausrüstung und Hilfsmittel auswählen und einsetzen b) Ausrüstung und Hilfsmittel reinigen, pflegen, prüfen und warten c) Mängel an Ausrüstung und Hilfsmitteln feststellen und Maßnahmen zur Instandsetzung ergreifen d) Maschinen und Geräte bedienen, dabei Werterhaltung beachten e) Schutzmaßnahmen an Maschinen und elektrischen Anlagen beachten f) Maschinen, Geräte und Betriebseinrichtungen reinigen, pflegen, prüfen und warten g) Störungen an Maschinen und Betriebseinrichtungen feststellen und Maßnahmen zur Instandsetzung ergreifen h) Erste-Hilfe-Maßnahmen anwenden i) Betriebs- und Werkstoffe einsetzen und lagern	6 Wochen in 1. Aus-bildungs-hälfte	
8	Funktionelle Pferde-beurteilung	a) Funktionen körperlicher Strukturen aus anatomischen und physiologischen Grundlagen ableiten und bei der Ausbildung berücksichtigen b) Bewegungsabläufe von Pferden beurteilen c) Eignung des Pferdes für spezifische Einsatzbereiche und Disziplinen anhand von Interieur- und Exterieurmerkmalen beurteilen		10 Wochen in 2. Aus-bildungs-hälfte

9	Vielseitige, klassische Grund-ausbildung des Pferdes	a) Pferde durch Bodenarbeit, Longieren und Freispringen auf die weitere Ausbildung vorbereiten b) Pferde unter Berücksichtigung von Sicherheitsaspekten systematisch anreiten c) Pferde bis zur beginnenden Versammlung gemäß der Skala der Ausbildung ausbilden und gymnastizieren d) dressurmäßige Übungen und Lektionen, Bodenrickarbeit, springgymnastische Übungen sowie verschiedene Gegebenheiten und Hindernisse im Gelände systematisch einsetzen und kombinieren e) Ausbildungs- und Trainingsprozesse von Pferden entsprechend der Reit- und Trainingslehre planen, umsetzen, analysieren und korrigieren f) Gesundheit und Leistungsbereitschaft von Pferden im Training sicherstellen g) Wirkung und Zweckmäßigkeit von Ausrüstungsgegenständen beurteilen und diese der Situation angemessen anwenden		16 Wochen in 2. Aus-bildungs-hälfte
10	Zielgruppen-orientierte, klassische Ausbildung von Reitern und Reiterinnen	a) Pferdekunde und Zusammenhänge der Reitausbildung zielgruppenorientiert vermitteln b) arttypisches Verhalten des Pferdes erklären sowie tiergerechten und sicheren Umgang mit dem Pferd schulen c) Sitz und Einwirkung von Reitern und Reiterinnen in verschiedenen Sitzformen analysieren und unter		16 Wochen in 2. Aus-bildungs-hälfte

		Berücksichtigung der Trainings- und Bewegungslehre individuell schulen d) Reiten disziplinübergreifend in breitensportlicher wie in leistungssportlicher Ausrichtung unterrichten und trainieren e) Reiter und Reiterinnen auf ihrem Ausbildungsweg beraten sowie auf Veranstaltungen betreuen		
11	Vorbereitung und Vorstellung von Pferden bei Leistungsprüfungen	a) einschlägige Organisationen kennen, Regelwerke und Leitlinien anwenden b) Teilnahme an Leistungsprüfungen planen c) Pferde auf breitensportliche Wettbewerbe und leistungssportliche Prüfungen vorbereiten und situationsgerecht im Rahmen ihrer Leistungsfähigkeit präsentieren d) Pferde auf Zuchtveranstaltungen vorbereiten und situationsgerecht im Rahmen ihrer Leistungsfähigkeit präsentieren e) Erfahrungen und Ergebnisse aus Leistungsprüfungen analysieren und bewerten		14 Wochen in 2. Ausbildungshälfte
12	Aufbau und Organisation des Ausbildungsbetriebes	a) Aufbau und Aufgaben des ausbildenden Betriebes erläutern b) Grundfunktionen des ausbildenden Betriebes, wie Beschaffung, Vermarktung und Verwaltung, erklären c) Beziehungen des ausbildenden Betriebes und seiner Beschäftigten zu Wirtschaftsorganisationen, Berufsvertretungen und Gewerkschaften nennen	während der gesamten Ausbildung	

		d) Grundlagen, Aufgabe und Arbeitsweise der betriebsverfassungs- und personalvertretungsrechtlichen Organe des ausbildenden Betriebes beschreiben	
13	Berufsbildung, Arbeits- und Tarifrecht	a) Bedeutung des Ausbildungsvertrages, insbesondere Abschluss, Dauer und Beendigung, erklären b) gegenseitige Rechte und Pflichten aus dem Ausbildungsvertrag nennen c) Möglichkeiten der beruflichen Fortbildung nennen d) wesentliche Teile des Arbeitsvertrages nennen e) wesentliche Bestimmungen der für den ausbildenden Betrieb geltenden Tarifverträge nennen	während der gesamten Ausbildung
14	Sicherheit und Gesundheits-schutz bei der Arbeit	a) Gefährdung von Sicherheit und Gesundheit am Arbeitsplatz feststellen und Maßnahmen zu ihrer Vermeidung ergreifen b) berufsbezogene Arbeitsschutz- und Unfallverhütungsvorschriften anwenden c) Verhaltensweisen bei Unfällen beschreiben sowie erste Maßnahmen einleiten d) Vorschriften des vorbeugenden Brandschutzes anwenden; Verhaltensweisen bei Bränden beschreiben und Maßnahmen zur Brandbekämpfung ergreifen	während der gesamten Ausbildung
15	Umweltschutz	Zur Vermeidung betriebsbedingter Umweltbelastungen im beruflichen Einwirkungsbereich beitragen, insbesondere: a) über mögliche Umweltbelastungen durch den	während der gesamten Ausbildung

		Ausbildungsbetrieb Auskunft geben und seinen Beitrag zum Umweltschutz an Beispielen erklären b) für den Ausbildungsbetrieb geltende Regelungen des Umweltschutzes anwenden c) Möglichkeiten der wirtschaftlichen und umweltschonenden Energie- und Materialverwendung nutzen d) Abfälle vermeiden, Stoffe und Materialien einer umweltschonenden Entsorgung zuführen	
16	Naturschutz, ökologische Zusammen-hänge, Nachhaltigkeit	a) geltende Regelungen des Naturschutzes anwenden b) ökologische Zusammenhänge beachten c) Bedeutung von Lebensräumen für Mensch, Tier und Pflanzen erklären sowie Lebensräume an Beispielen beschreiben d) Bedeutung und Ziele des Naturschutzes bei der Arbeit beschreiben e) Nachhaltigkeitsaspekte bei der Pferdehaltung, der Pferdezucht sowie der Ausbildung von Pferden, Reitern und Reiterinnen beachten	während der gesamten Ausbildung
17	Qualitäts-sichernde Maßnahmen	a) Ziele und Aufgaben der betrieblichen Qualitätssicherung erläutern b) betriebliche Qualitätsstandards anwenden c) Ursachen von Fehlern und Qualitätsmängeln aufzeigen, dokumentieren und zu deren Behebung beitragen	während der gesamten Ausbildung

Pferdewirt/Pferdewirtin Fachrichtung Pferderennen

§ 1 Staatliche Anerkennung des Ausbildungsberufes

Der Ausbildungsberuf Pferdewirt/Pferdewirtin wird nach § 4 Absatz 1 des Berufsbildungsgesetzes staatlich anerkannt.

§ 2 Dauer der Berufsausbildung

Die Ausbildung dauert drei Jahre.

§ 3
Struktur der Ausbildung

Die Berufsausbildung gliedert sich in gemeinsame Ausbildungsinhalte und in die Ausbildung in einer der Fachrichtungen

1. Pferdehaltung und Service,
2. Pferdezucht,
3. Klassische Reitausbildung,
4. Pferderennen,
5. Spezialreitweisen.

§ 4
Ausbildungsrahmenplan, Ausbildungsberufsbild

(1) Gegenstand der Berufsausbildung sind mindestens die im Ausbildungsrahmenplan (Anlage) aufgeführten Fertigkeiten, Kenntnisse und Fähigkeiten (berufliche Handlungsfähigkeit). Eine von dem Ausbildungsrahmenplan abweichende Organisation der Ausbildung ist insbesondere zulässig, soweit betriebspraktische Besonderheiten die Abweichung erfordern.
(2) Die Berufsausbildung zum Pferdewirt/zur Pferdewirtin gliedert sich wie folgt (Ausbildungsberufsbild):

Abschnitt A

Gemeinsame berufsprofilgebende Fertigkeiten, Kenntnisse und Fähigkeiten:

1. Tiergerechte Pferdehaltung; Pferdefütterung,
2. Tierschutz und Tiergesundheit,
3. Ausbildung und Vorbereitung von Pferden für Zucht und Leistungsprüfungen,
4. Betriebliche Abläufe und Organisation; betriebswirtschaftliche Zusammenhänge,
5. Dienstleistungen, Kundenorientierung, Marketing,
6. Pferdezucht und -aufzucht,

7. Ausrüstung; Einsatz von Maschinen, Geräten und Betriebseinrichtungen;

Abschnitt B

Weitere berufsprofilgebende Fertigkeiten, Kenntnisse und Fähigkeiten in der Fachrichtung Pferdehaltung und Service:

1. Individuelle Pferdefütterung; Futtergewinnung und -beschaffung,
2. Stall- und Weidemanagement,
3. Bewegen von Pferden im Reiten oder Fahren, Arbeiten an der Longe,
4. Beratung von Kunden und kundenorientierte Anlagenbewirtschaftung;

Abschnitt G

Gemeinsame integrative Fertigkeiten, Kenntnisse und Fähigkeiten:

1. Aufbau und Organisation des Ausbildungsbetriebes,
2. Berufsbildung, Arbeits- und Tarifrecht,
3. Sicherheit und Gesundheitsschutz bei der Arbeit,
4. Umweltschutz,
5. Naturschutz, ökologische Zusammenhänge, Nachhaltigkeit,
6. Qualitätssichernde Maßnahmen.

§ 5
Durchführung der Berufsausbildung

(1) Die in dieser Verordnung genannten Fertigkeiten, Kenntnisse und Fähigkeiten sollen so vermittelt werden, dass die Auszubildenden zur Ausübung einer qualifizierten beruflichen Tätigkeit im Sinne von § 1 Absatz 3 des Berufsbildungsgesetzes befähigt werden, die insbesondere selbstständiges Planen, Durchführen und Kontrollieren einschließt. Diese Befähigung ist auch in Prüfungen nach den §§ 6 bis 11 nachzuweisen.
(2) Die Ausbildenden haben unter Zugrundelegung des Ausbildungsrahmenplanes für die Auszubildenden einen Ausbildungsplan zu erstellen.
(3) Die Auszubildenden haben jeweils einen schriftlichen Ausbildungsnachweis zu führen. Ihnen ist Gelegenheit zu geben, den schriftlichen Ausbildungsnachweis während der Ausbildungszeit zu führen. Die Ausbildenden haben den schriftlichen Ausbildungsnachweis regelmäßig durchzusehen.

§ 6
Zwischenprüfung

(1) Zur Ermittlung des Ausbildungsstandes ist eine Zwischenprüfung durchzuführen. Sie soll vor dem Ende des zweiten Ausbildungsjahres stattfinden.
(2) Die Zwischenprüfung erstreckt sich auf die in der Anlage für die ersten 18 Ausbildungsmonate aufgeführten Fertigkeiten, Kenntnisse und Fähigkeiten sowie auf den im Berufsschulunterricht zu vermittelnden Lehrstoff, soweit er für die Berufsausbildung wesentlich ist.
(3) Die Zwischenprüfung findet in den Prüfungsbereichen

1. Pferdehaltung und -gesundheit und

2. Pferde bewegen statt.

(4) Für den **Prüfungsbereich Pferdehaltung und –gesundheit** bestehen folgende Vorgaben:

1. Der Prüfling soll nachweisen, dass er
   a) Pferde identifizieren und beurteilen,
   b) Gesundheits- und Ernährungszustand von Pferden beurteilen,
   c) Futtermittel auswählen, Qualität beurteilen und Fütterungen durchführen,
   d) Haltungsbedingungen beurteilen,
   e) Pferde pflegen und versorgen
   und dabei Gesichtspunkte des Tierschutzes, der Sicherheit und des Gesundheitsschutzes bei der Arbeit beachten sowie Arbeitsabläufe planen, durchführen, kontrollieren und die wesentlichen fachlichen Zusammenhänge aufzeigen sowie seine Vorgehensweise begründen kann;
2. der Prüfling soll eine Arbeitsaufgabe durchführen, hierüber ein auftragsbezogenes Fachgespräch führen und berufstypische Aufgaben schriftlich bearbeiten;
3. die Prüfungszeit beträgt insgesamt 150 Minuten; dabei entfallen auf die Arbeitsaufgabe 60 Minuten, innerhalb dieser Zeit soll das Fachgespräch in höchstens 15 Minuten durchgeführt werden; auf die schriftliche Bearbeitung von Aufgaben entfallen 90 Minuten.

(5) Für den **Prüfungsbereich Pferde bewegen** bestehen folgende Vorgaben:

1. Der Prüfling soll nachweisen, dass er
   a) mit Pferden umgehen,
   b) Pferde ausrüsten,
   c) Pferde vorstellen,
   d) grundlegende Erziehung und Ausbildung von Pferden erläutern und dabei fachliche Regelwerke umsetzen, Arbeiten kontrollieren und dokumentieren, betriebliche Rahmenbedingungen, Gesichtspunkte des Tierschutzes, der Sicherheit und des Gesundheitsschutzes bei der Arbeit sowie der Qualitätssicherung beachten, Maßnahmen zur Wirtschaftlichkeit ergreifen, die wesentlichen fachlichen Zusammenhänge aufzeigen sowie seine Vorgehensweise begründen kann;
2. der Prüfling soll eine Arbeitsaufgabe durchführen und hierüber ein auftragsbezogenes Fachgespräch führen;
3. die Prüfungszeit beträgt 60 Minuten; innerhalb dieser Zeit soll das Fachgespräch in höchstens 15 Minuten durchgeführt werden.

§ 10
Abschlussprüfung in der Fachrichtung Pferderennen

(1) Durch die Abschlussprüfung ist festzustellen, ob der Prüfling die berufliche Handlungsfähigkeit erworben hat. In der Abschlussprüfung soll der Prüfling nachweisen, dass er die dafür erforderlichen beruflichen Fertigkeiten beherrscht, die notwendigen beruflichen Kenntnisse und Fähigkeiten besitzt und mit dem im Berufsschulunterricht zu vermittelnden, für die Berufsausbildung wesentlichen Lehrstoff vertraut ist. Die Ausbildungsordnung ist zu Grunde zu legen.
(2) Die Abschlussprüfung erstreckt sich auf die in der Anlage in den Abschnitten A, D und G aufgeführten Fertigkeiten, Kenntnisse und Fähigkeiten sowie auf den im Berufsschulunterricht zu vermittelnden Lehrstoff, soweit er für die Berufsausbildung wesentlich ist.

(3) Die Abschlussprüfung besteht aus den Prüfungsbereichen:

1. Gesundheit von Rennpferden **a) Beurteilung von Haltungsbedingungen in Trainingsställen,** **b) Beurteilung des Gesundheitszustandes von Pferden und Einleitung von Maßnahmen,** **c) Beurteilung von Futtermitteln, Zusammenstellung leistungsgerechter Futterrationen und Durchführung der Fütterung, d) Beurteilung des Hufbeschlags von Rennpferden für Training und Rennen sowie Einleitung von Maßnahmen,** **e) Beurteilung der Eignung von Ausrüstungsgegenständen für Pferde;**	praktische Prüfung	60 min
2. Training von Rennpferden **a) Ausrüstung entsprechend der Trainingsorder zusammenstellen und einsetzen,** **b) zu trainierende Pferde entsprechend der Trainingsorder reiten oder fahren,** **c) Trainingsverläufe und -methoden analysieren und Leistungsfähigkeit von Rennpferden beurteilen**	praktische Prüfung	60 min
3. Leistungsvermögen von Rennpferden **a) Pferderassen im Hinblick auf ihre Eignung für Renneinsätze,** **b) die Leistungsfähigkeit von**	praktische Prüfung	45 min

Sperrfach: keine 5 erlaubt!

Rennpferden anhand von Pedigrees, **c) die Leistungsfähigkeit anhand von Trainingsverläufen und** **d) die Leistungsfähigkeit anhand von Rennergebnissen beurteilen und dieses darstellen;**		
4. Planung von Renneinsätzen **a) die einschlägigen Regelwerke anwenden,** **b) Rennen für Pferde auswählen,** **c) Impf- und Entwurmungspläne unter Berücksichtigung von Renneinsätzen aufstellen,** **d) Startberechtigungen und Zulassung unter Zugrundelegung von Ausschreibungen prüfen,** **e) Renneinsätze und Transport von Pferden planen und beurteilen,** **f) Ernährungs- und Trainingspläne für Rennreiter und Rennreiterinnen sowie Rennfahrer und Rennfahrerinnen aufstellen und begründen sowie Maßnahmen zur gesunden Ernährung und Erhaltung der körperlichen Fitness erläutern kann**	schriftliche Prüfung	120 min
5. Wirtschafts- und Sozialkunde	schriftliche Prüfung	45 min

(4) Für den **Prüfungsbereich Gesundheit von Rennpferden** bestehen folgende Vorgaben:

1. Der Prüfling soll nachweisen, dass er Rennpferde halten sowie gesunderhalten und dabei fachliche Regelwerke umsetzen, betriebliche Rahmenbedingungen, Gesichtspunkte der Nachhaltigkeit, des Tierschutzes, der Sicherheit und des Gesundheitsschutzes bei der Arbeit beachten, Maßnahmen zur Wirtschaftlichkeit ergreifen, die wesentlichen fachlichen Zusammenhänge aufzeigen und seine Vorgehensweise begründen kann;
2. für den Nachweis nach Nummer 1 sind zwei der folgenden Gebiete auszuwählen:
   a) Beurteilung von Haltungsbedingungen in Trainingsställen,
   b) Beurteilung des Gesundheitszustandes von Pferden und Einleitung von Maßnahmen,

c) Beurteilung von Futtermitteln, Zusammenstellung leistungsgerechter Futterrationen und Durchführung der Fütterung,
d) Beurteilung des Hufbeschlags von Rennpferden für Training und Rennen sowie Einleitung von Maßnahmen,
e) Beurteilung der Eignung von Ausrüstungsgegenständen für Pferde;

3. der Prüfling soll eine Arbeitsaufgabe durchführen und hierüber ein auftragsbezogenes Fachgespräch führen; bei der Aufgabenstellung ist das nach § 4 Absatz 2 Abschnitt E festgelegte Einsatzgebiet zu Grunde zu legen;
4. die Prüfungszeit beträgt 60 Minuten, innerhalb dieser Zeit soll das Fachgespräch in höchstens 15 Minuten durchgeführt werden.

(5) Für den **Prüfungsbereich Training von Rennpferden** bestehen folgende Vorgaben:

1. Der Prüfling soll nachweisen, dass er
   a) Ausrüstung entsprechend der Trainingsorder zusammenstellen und einsetzen,
   b) zu trainierende Pferde entsprechend der Trainingsorder reiten oder fahren,
   c) Trainingsverläufe und -methoden analysieren und Leistungsfähigkeit von Rennpferden beurteilen und dabei Gesichtspunkte der Gesundheitsvorsorge bei Pferden, des Tierschutzes, der Sicherheit und des Gesundheitsschutzes bei der Arbeit beachten, die wesentlichen fachlichen Zusammenhänge aufzeigen und seine Vorgehensweise begründen kann;
2. der Prüfling soll eine Arbeitsaufgabe durchführen und hierüber ein auftragsbezogenes Fachgespräch führen; bei der Aufgabenstellung ist das nach § 4 Absatz 2 Abschnitt E festgelegte Einsatzgebiet zu Grunde zu legen;
3. die Prüfungszeit beträgt 60 Minuten; innerhalb dieser Zeit soll das Fachgespräch in höchstens 15 Minuten durchgeführt werden.

(6) Für den **Prüfungsbereich Leistungsvermögen von Rennpferden** bestehen folgende Vorgaben:

1. Der Prüfling soll nachweisen, dass er
   a) Pferderassen im Hinblick auf ihre Eignung für Renneinsätze,
   b) die Leistungsfähigkeit von Rennpferden anhand von Pedigrees,
   c) die Leistungsfähigkeit anhand von Trainingsverläufen und
   d) die Leistungsfähigkeit anhand von Rennergebnissen beurteilen und dieses darstellen kann;

2. der Prüfling soll eine Arbeitsaufgabe durchführen und hierüber ein auftragsbezogenes Fachgespräch führen; bei der Aufgabenstellung ist das nach § 4 Absatz 2 Abschnitt E festgelegte Einsatzgebiet zu Grunde zu legen;

3. die Prüfungszeit beträgt 45 Minuten; innerhalb dieser Zeit soll das Fachgespräch in höchstens 15 Minuten durchgeführt werden.

(7) Für den **Prüfungsbereich Planung von Renneinsätzen** bestehen folgende Vorgaben:

1. Der Prüfling soll nachweisen, dass er
   a) die einschlägigen Regelwerke anwenden,
   b) Rennen für Pferde auswählen,
   c) Impf- und Entwurmungspläne unter Berücksichtigung von Renneinsätzen aufstellen,
   d) Startberechtigungen und Zulassung unter Zugrundelegung von Ausschreibungen prüfen,
   e) Renneinsätze und Transport von Pferden planen und beurteilen,
   f) Ernährungs- und Trainingspläne für Rennreiter und Rennreiterinnen sowie Rennfahrer und Rennfahrerinnen aufstellen und begründen sowie Maßnahmen zur gesunden Ernährung und Erhaltung der körperlichen Fitness erläutern kann;
2. der Prüfling soll berufstypische Aufgaben schriftlich bearbeiten;
3. die Prüfungszeit beträgt 120 Minuten.

(8) Für den Prüfungsbereich Wirtschafts- und Sozialkunde bestehen folgende Vorgaben:

1. Der Prüfling soll nachweisen, dass er allgemeine wirtschaftliche und gesellschaftliche Zusammenhänge der Berufs- und Arbeitswelt darstellen und beurteilen kann;
2. der Prüfling soll praxisbezogene Aufgaben schriftlich bearbeiten;
3. die Prüfungszeit beträgt 45 Minuten.

(9) Die einzelnen Prüfungsbereiche sind wie folgt zu gewichten:

1. Prüfungsbereich Gesundheit von Rennpferden	20%
2. Prüfungsbereich Training von Rennpferden	20%
3. Prüfungsbereich Leistungsvermögen von Rennpferden	20%
4. Prüfungsbereich Planung von Renneinsätzen	30%
5. Prüfungsbereich Wirtschafts- und Sozialkunde	10%

(10) Die Abschlussprüfung ist bestanden, wenn die Leistungen

1. im Gesamtergebnis mit mindestens „ausreichend",
2. im Prüfungsbereich Training von Rennpferden mit mindestens „ausreichend",

3. in mindestens drei der übrigen Prüfungsbereiche mit mindestens „ausreichend“ und
4. in keinem Prüfungsbereich mit „ungenügend“

bewertet worden sind.

(11) Auf Antrag des Prüflings ist die Prüfung in einem der mit schlechter als „ausreichend“ bewerteten Prüfungsbereiche, in denen Prüfungsleistungen mit eigener Anforderung und Gewichtung schriftlich zu erbringen sind, durch eine mündliche Prüfung von etwa 15 Minuten zu ergänzen, wenn dies für das Bestehen der Prüfung den Ausschlag geben kann. Bei der Ermittlung des Ergebnisses für diesen Prüfungsbereich sind das bisherige Ergebnis und das Ergebnis der mündlichen Ergänzungsprüfung im Verhältnis von 2:1 zu gewichten.

§ 12
Bestehende Berufsausbildungsverhältnisse

Berufsausbildungsverhältnisse, die bei Inkrafttreten dieser Verordnung bestehen, können unter Anrechnung der bisher zurückgelegten Ausbildungszeit nach den Vorschriften dieser Verordnung fortgesetzt werden, wenn die Vertragsparteien dies vereinbaren.

§ 13
Inkrafttreten, Außerkrafttreten

Diese Verordnung tritt am 1. August 2010 in Kraft. Gleichzeitig tritt die Verordnung über die Berufsausbildung zum Pferdewirt vom 1. November 1975 (BGBl. I S. 2719), die durch Artikel 1 Nummer 7 der Verordnung vom 20. Juli 1979 (BGBl. I S. 1145) geändert worden ist, außer Kraft.

Ausbildungsrahmenplan
für die Berufsausbildung zum Pferdewirt/zur Pferdewirtin
Abschnitt A: Gemeinsame berufsprofilgebende Fertigkeiten, Kenntnisse und Fähigkeiten

1	Tiergerechte Pferdehaltung; Pferdefütterung	a) Verhaltensweisen von Pferden analysieren und im Umgang berücksichtigen b) Pferde entsprechend Haltungsform und Verwendung pflegen und füttern c) Pferdehaltungssysteme und Stalltechnik beurteilen d) Pferdehaltungssysteme reinigen, insbesondere Einstreu auswählen, einsetzen und entfernen	22 Wochen in 1. Ausbildungshälfte	

		e) Futtermittel und Einstreu beurteilen und lagern		
		f) Stallklima beurteilen g) Futterrationen gestalten und Fütterung überprüfen		6 Wochen in 2. Ausbildungs-
2	Tierschutz und Tiergesundheit	a) Gesundheitszustand feststellen, Gesundheitsvorsorge durchführen, Notfallpläne erstellen, Tierseuchenprophylaxe umsetzen, hygienische Bestimmungen anwenden sowie Impfpläne erstellen b) Desinfektionsmaßnahmen durchführen c) Sofortmaßnahmen ergreifen d) verletzte und kranke Pferde pflegen e) Hufe begutachten und pflegen f) mit Medikamenten nach tierärztlicher Anweisung umgehen	10 Wochen in 1. Ausbildungshälfte	
		g) Transporte planen, Pferde tiergerecht transportieren und die dafür geltenden rechtlichen Bestimmungen anwenden		2 Wochen in 2. Ausbildungshälfte
3	Ausbildung und Vorbereitung von Pferden für Zucht- und Leistungsprüfungen	a) grundlegende Ausbildungs- und Trainingsmethoden anwenden b) Grunderziehung durchführen c) Pferde bewegen d) Pferde zu Präsentationen vorbereiten	20 Wochen in 1. Ausbildungshälfte	
		e) Ausbildungsmaßnahmen für Pferde planen, durchführen und kontrollieren		8 Wochen in 2. Ausbildungshälfte
4	Betriebliche Abläufe und Organisation; betriebswirt-	a) Arbeits- und Betriebsanweisungen umsetzen b) Arbeitsabläufe nach rechtlichen, wirtschaftlichen und	8 Wochen in 1. Ausbildungs-	

schaftliche Zusammen-hänge	ergonomischen Anforderungen planen, durchführen und kontrollieren c) Arbeitsplatz vorbereiten und Maßnahmen zur Vermeidung von Personen-, Tier- und Sachschäden treffen d) Eingang und Verbrauch von Betriebsmitteln erfassen e) betriebliche Kommunikations- und Informationssysteme nutzen, dabei Standardsoftware und arbeitsplatzspezifische Software anwenden f) Informationen beschaffen und auswerten g) Aufgaben abstimmen und teamorientiert durchführen h) Gespräche situationsgerecht führen und Konflikte im Team lösen	hälfte	
	i) Personen bei Routinearbeiten anleiten und beaufsichtigen j) Arbeitsergebnisse dokumentieren, beurteilen und präsentieren k) gesetzliche und berufsbezogene Regelungen anwenden, insbesondere anzeigepflichtige Tierseuchen, Tierkörperbeseitigungsgesetz sowie gesetzliche Haftungsregelungen beachten l) betriebliche Kosten und kalkulieren m) Markt- und Preisinformationen einholen, vergleichen und bewerten n) rechtliche Regelungen des An- und Verkaufs von Pferden erläutern o) bei Geschäftsvorgängen mitwirken, insbesondere Angebote vergleichen,		5 Wochen in 2. Ausbildungshälfte

		Bestellungen vorbereiten, Rechnungen kontrollieren		
5	Dienst-leistungen, Kunden-orientierung, Marketing	a) die Wirkung des eigenen Erscheinungsbildes und Auftretens einschätzen und beim Umgang mit Kunden berücksichtigen b) Informationen, Wünsche und Reklamationen von Kunden entgegennehmen, Bearbeitung abstimmen und bei der Arbeitserledigung berücksichtigen c) Kundengespräche situationsgerecht führen	6 Wochen in 1. Aus-bildungs-hälfte	
		d) betriebliches Leistungsangebot zur Gewinnung und Bindung von Kunden präsentieren e) bei der Planung von Werbemaßnahmen mitwirken, Werbemaßnahmen umsetzen f) Kunden in fachlichen Fragen beraten		3 Wochen in 2. Aus-bildungs-hälfte
6	Pferdezucht und -aufzucht	a) Pferde identifizieren und beurteilen b) rassetypische Merkmale, insbesondere im Hinblick auf Anatomie und Physiologie, erläutern c) Organisation und Strukturen der Pferdezucht erläutern	6 Wochen in 1. Aus-bildungs-hälfte	
		d) Grundlagen der Trächtigkeit und des Abfohlens erläutern und bei der Haltung, Versorgung und beim Bewegen von Pferden berücksichtigen e) Grundlagen der Aufzucht erläutern und bei der Haltung, Versorgung und beim Bewegen von Pferden berücksichtigen		2 Wochen in 2. Aus-bildungs-hälfte
7	Ausrüstung; Einsatz von Maschinen, Geräten und	a) Ausrüstung und Hilfsmittel auswählen und einsetzen b) Ausrüstung und Hilfsmittel reinigen, pflegen, prüfen und	6 Wochen in 1. Aus-bildungs-	

	Betriebs-einrichtungen	warten c) Mängel an Ausrüstung und Hilfsmitteln feststellen und Maßnahmen zur Instandsetzung ergreifen d) Maschinen und Geräte bedienen, dabei Werterhaltung beachten e) Schutzmaßnahmen an Maschinen und elektrischen Anlagen beachten f) Maschinen, Geräte und Betriebseinrichtungen reinigen, pflegen, prüfen und warten g) Störungen an Maschinen und Betriebseinrichtungen feststellen und Maßnahmen zur Instandsetzung ergreifen h) Erste-Hilfe-Maßnahmen anwenden i) Betriebs- und Werkstoffe einsetzen und lagern	hälfte	
8	Training von Rennpferden	a) Ausbildung und Training unter Berücksichtigung der individuellen Voraussetzungen nach trainingswissenschaftlichen Gesichtspunkten planen, durchführen und kontrollieren b) Gesundheitszustand und Haltungsbedingungen beurteilen und Maßnahmen zur Gesunderhaltung des Pferdes unter besonderer Berücksichtigung der speziellen Anforderungen sowie des Entwicklungsstandes und Alters durchführen c) Rennpferde im Hinblick auf Trainingspläne leistungsgerecht füttern d) Wirkungen und Zweckmäßigkeit spezifischer Ausrüstung erklären, diese entsprechend Ausbildungsstand		19 Wochen in 2. Ausbildungs-hälfte

		und Verwendung des Pferdes unter Tierschutzaspekten beurteilen, auswählen und einsetzen		
9	Beurteilung des Leistungs-vermögens von Rennpferden	a) Zuchtziele und Zuchtstandards vor dem Hintergrund der Entwicklungsgeschichte der jeweiligen Rasse erklären b) die für das Leistungsvermögen des Pferdes wesentlichen Merkmale, insbesondere Pedigreeanalyse, Interieur, Exterieur, Trainingsverläufe und Rennergebnisse, beurteilen c) Bewegungsabläufe in den verschiedenen Gangarten beurteilen d) zur Beurteilung des Leistungsvermögens wesentliche physiologische Parameter messen und bewerten e) Trainer und Trainerinnen sowie Kunden über das Leistungsvermögen von Rennpferden informieren und dabei Kommunikationsregeln in verschiedenen beruflichen Situationen anwenden und zur Vermeidung von Kommunikationsstörungen beitragen		10 Wochen in 2. Aus-bildungs-hälfte
10	Vorbereitung und Teilnahme an Pferderennen	a) geschichtliche Entwicklung des Rennsports darstellen und Regelwerke anwenden b) Hufbeschlag für den Renneinsatz beurteilen und Maßnahmen einleiten c) Pferde für das Rennen vorbereiten und nach dem Rennen versorgen d) Renneinsätze planen, durchführen und analysieren e) Transporte planen und		16 Wochen in 2. Aus-bildungs-hälfte

		durchführen f) an Rennen teilnehmen		
11	Gesundheit, Ernährung und Fitness des Rennreiters und der Rennreiterin sowie des Rennfahrers und der Rennfahrerin	a) den Zusammenhang von Ernährung, Körpermasse und Energieverbrauch erklären und den menschlichen Energiebedarf und -verbrauch individuell feststellen b) Fitness unter Berücksichtigung von gesundheitsverträglichen Maßnahmen zur Kontrolle und Steuerung der menschlichen Körpermasse aufbauen und erhalten c) Ergänzungstraining zur Förderung der Ausdauer, Beweglichkeit und Koordination durchführen d) Trainings- und Ernährungspläne aufstellen		7 Wochen in 2. Ausbildungshälfte
12	Aufbau und Organisation des Ausbildungsbetriebes	a) Aufbau und Aufgaben des ausbildenden Betriebes erläutern b) Grundfunktionen des ausbildenden Betriebes, wie Beschaffung, Vermarktung und Verwaltung, erklären c) Beziehungen des ausbildenden Betriebes und seiner Beschäftigten zu Wirtschaftsorganisationen, Berufsvertretungen und Gewerkschaften nennen d) Grundlagen, Aufgabe und Arbeitsweise der betriebsverfassungs- und personalvertretungsrechtlichen Organe des ausbildenden Betriebes beschreiben	während der gesamten Ausbildung	
13	Berufsbildung, Arbeits- und Tarifrecht	a) Bedeutung des Ausbildungsvertrages, insbesondere Abschluss, Dauer und Beendigung, erklären b) gegenseitige Rechte und Pflichten aus dem	während der gesamten Ausbildung	

		Ausbildungsvertrag nennen c) Möglichkeiten der beruflichen Fortbildung nennen d) wesentliche Teile des Arbeitsvertrages nennen e) wesentliche Bestimmungen der für den ausbildenden Betrieb geltenden Tarifverträge nennen	
14	Sicherheit und Gesundheits-schutz bei der Arbeit	a) Gefährdung von Sicherheit und Gesundheit am Arbeitsplatz feststellen und Maßnahmen zu ihrer Vermeidung ergreifen b) berufsbezogene Arbeitsschutz- und Unfallverhütungsvorschriften anwenden c) Verhaltensweisen bei Unfällen beschreiben sowie erste Maßnahmen einleiten d) Vorschriften des vorbeugenden Brandschutzes anwenden; Verhaltensweisen bei Bränden beschreiben und Maßnahmen zur Brandbekämpfung ergreifen	während der gesamten Ausbildung
15	Umweltschutz	Zur Vermeidung betriebsbedingter Umweltbelastungen im beruflichen Einwirkungsbereich beitragen, insbesondere: a) über mögliche Umweltbelastungen durch den Ausbildungsbetrieb Auskunft geben und seinen Beitrag zum Umweltschutz an Beispielen erklären b) für den Ausbildungsbetrieb geltende Regelungen des Umweltschutzes anwenden c) Möglichkeiten der wirtschaftlichen und umweltschonenden Energie- und Materialverwendung nutzen	während der gesamten Ausbildung

		d) Abfälle vermeiden, Stoffe und Materialien einer umweltschonenden Entsorgung zuführen	
16	Naturschutz, ökologische Zusammen-hänge, Nachhaltigkeit	a) geltende Regelungen des Naturschutzes anwenden b) ökologische Zusammenhänge beachten c) Bedeutung von Lebensräumen für Mensch, Tier und Pflanzen erklären sowie Lebensräume an Beispielen beschreiben d) Bedeutung und Ziele des Naturschutzes bei der Arbeit beschreiben e) Nachhaltigkeitsaspekte bei der Pferdehaltung, der Pferdezucht sowie der Ausbildung von Pferden, Reitern und Reiterinnen beachten	während der gesamten Ausbildung
17	Qualitäts-sichernde Maßnahmen	a) Ziele und Aufgaben der betrieblichen Qualitätssicherung erläutern b) betriebliche Qualitätsstandards anwenden c) Ursachen von Fehlern und Qualitätsmängeln aufzeigen, dokumentieren und zu deren Behebung beitragen	während der gesamten Ausbildung

Pferdewirt/Pferdewirtin Fachrichtung Spezialreitweisen

§ 1 Staatliche Anerkennung des Ausbildungsberufes

Der Ausbildungsberuf Pferdewirt/Pferdewirtin wird nach § 4 Absatz 1 des Berufsbildungsgesetzes staatlich anerkannt.

§ 2 Dauer der Berufsausbildung

Die Ausbildung dauert drei Jahre.

§ 3
Struktur der Ausbildung

Die Berufsausbildung gliedert sich in gemeinsame Ausbildungsinhalte und in die Ausbildung in einer der Fachrichtungen

1. Pferdehaltung und Service,
2. Pferdezucht,
3. Klassische Reitausbildung,
4. Pferderennen,
5. Spezialreitweisen.

§ 4
Ausbildungsrahmenplan, Ausbildungsberufsbild

(1) Gegenstand der Berufsausbildung sind mindestens die im Ausbildungsrahmenplan (Anlage) aufgeführten Fertigkeiten, Kenntnisse und Fähigkeiten (berufliche Handlungsfähigkeit). Eine von dem Ausbildungsrahmenplan abweichende Organisation der Ausbildung ist insbesondere zulässig, soweit betriebspraktische Besonderheiten die Abweichung erfordern.
(2) Die Berufsausbildung zum Pferdewirt/zur Pferdewirtin gliedert sich wie folgt (Ausbildungsberufsbild):

Abschnitt A

Gemeinsame berufsprofilgebende Fertigkeiten, Kenntnisse und Fähigkeiten:

1. Tiergerechte Pferdehaltung; Pferdefütterung,
2. Tierschutz und Tiergesundheit,
3. Ausbildung und Vorbereitung von Pferden für Zucht und Leistungsprüfungen,
4. Betriebliche Abläufe und Organisation; betriebswirtschaftliche Zusammenhänge,
5. Dienstleistungen, Kundenorientierung, Marketing,
6. Pferdezucht und -aufzucht,
7. Ausrüstung; Einsatz von Maschinen, Geräten und Betriebseinrichtungen;

Abschnitt B

Weitere berufsprofilgebende Fertigkeiten, Kenntnisse und Fähigkeiten in der Fachrichtung Pferdehaltung und Service:

1. Individuelle Pferdefütterung; Futtergewinnung und -beschaffung,
2. Stall- und Weidemanagement,
3. Bewegen von Pferden im Reiten oder Fahren, Arbeiten an der Longe,
4. Beratung von Kunden und kundenorientierte Anlagenbewirtschaftung;

Abschnitt G

Gemeinsame integrative Fertigkeiten, Kenntnisse und Fähigkeiten:

1. Aufbau und Organisation des Ausbildungsbetriebes,
2. Berufsbildung, Arbeits- und Tarifrecht,
3. Sicherheit und Gesundheitsschutz bei der Arbeit,
4. Umweltschutz,
5. Naturschutz, ökologische Zusammenhänge, Nachhaltigkeit,
6. Qualitätssichernde Maßnahmen.

§ 5
Durchführung der Berufsausbildung

(1) Die in dieser Verordnung genannten Fertigkeiten, Kenntnisse und Fähigkeiten sollen so vermittelt werden, dass die Auszubildenden zur Ausübung einer qualifizierten beruflichen Tätigkeit im Sinne von § 1 Absatz 3 des Berufsbildungsgesetzes befähigt werden, die insbesondere selbstständiges Planen, Durchführen und Kontrollieren einschließt. Diese Befähigung ist auch in Prüfungen nach den §§ 6 bis 11 nachzuweisen.
(2) Die Ausbildenden haben unter Zugrundelegung des Ausbildungsrahmenplanes für die Auszubildenden einen Ausbildungsplan zu erstellen.
(3) Die Auszubildenden haben jeweils einen schriftlichen Ausbildungsnachweis zu führen. Ihnen ist Gelegenheit zu geben, den schriftlichen Ausbildungsnachweis während der Ausbildungszeit zu führen. Die Ausbildenden haben den schriftlichen Ausbildungsnachweis regelmäßig durchzusehen.

§ 6
Zwischenprüfung

(1) Zur Ermittlung des Ausbildungsstandes ist eine Zwischenprüfung durchzuführen. Sie soll vor dem Ende des zweiten Ausbildungsjahres stattfinden.
(2) Die Zwischenprüfung erstreckt sich auf die in der Anlage für die ersten 18 Ausbildungsmonate aufgeführten Fertigkeiten, Kenntnisse und Fähigkeiten sowie auf den im Berufsschulunterricht zu vermittelnden Lehrstoff, soweit er für die Berufsausbildung wesentlich ist.
(3) Die Zwischenprüfung findet in den Prüfungsbereichen

1. Pferdehaltung und -gesundheit und

2. Pferde bewegen statt.

(4) Für den **Prüfungsbereich Pferdehaltung und –gesundheit** bestehen folgende Vorgaben:

1. Der Prüfling soll nachweisen, dass er
   a) Pferde identifizieren und beurteilen,
   b) Gesundheits- und Ernährungszustand von Pferden beurteilen,
   c) Futtermittel auswählen, Qualität beurteilen und Fütterungen durchführen,
   d) Haltungsbedingungen beurteilen,
   e) Pferde pflegen und versorgen
   und dabei Gesichtspunkte des Tierschutzes, der Sicherheit und des Gesundheitsschutzes bei der Arbeit beachten sowie Arbeitsabläufe planen, durchführen, kontrollieren und die wesentlichen fachlichen Zusammenhänge aufzeigen sowie seine Vorgehensweise begründen kann;
2. der Prüfling soll eine Arbeitsaufgabe durchführen, hierüber ein auftragsbezogenes Fachgespräch führen und berufstypische Aufgaben schriftlich bearbeiten;
3. die Prüfungszeit beträgt insgesamt 150 Minuten; dabei entfallen auf die Arbeitsaufgabe 60 Minuten, innerhalb dieser Zeit soll das Fachgespräch in höchstens 15 Minuten durchgeführt werden; auf die schriftliche Bearbeitung von Aufgaben entfallen 90 Minuten.

(5) Für den **Prüfungsbereich Pferde bewegen** bestehen folgende Vorgaben:

1. Der Prüfling soll nachweisen, dass er
   a) mit Pferden umgehen,
   b) Pferde ausrüsten,
   c) Pferde vorstellen,
   d) grundlegende Erziehung und Ausbildung von Pferden erläutern und dabei fachliche Regelwerke umsetzen, Arbeiten kontrollieren und dokumentieren, betriebliche Rahmenbedingungen, Gesichtspunkte des Tierschutzes, der Sicherheit und des Gesundheitsschutzes bei der Arbeit sowie der Qualitätssicherung beachten, Maßnahmen zur Wirtschaftlichkeit ergreifen, die wesentlichen fachlichen Zusammenhänge aufzeigen sowie seine Vorgehensweise begründen kann;
2. der Prüfling soll eine Arbeitsaufgabe durchführen und hierüber ein auftragsbezogenes Fachgespräch führen;
3. die Prüfungszeit beträgt 60 Minuten; innerhalb dieser Zeit soll das Fachgespräch in höchstens 15 Minuten durchgeführt werden.

§ 11

Abschlussprüfung in der Fachrichtung Spezialreitweisen

(1) Durch die Abschlussprüfung ist festzustellen, ob der Prüfling die berufliche Handlungsfähigkeit erworben hat. In der Abschlussprüfung soll der Prüfling nachweisen, dass er die dafür erforderlichen beruflichen Fertigkeiten beherrscht, die notwendigen beruflichen Kenntnisse und Fähigkeiten besitzt und mit dem im Berufsschulunterricht zu vermittelnden, für die Berufsausbildung wesentlichen Lehrstoff vertraut ist. Die Ausbildungsordnung ist zu Grunde zu legen.

(2) Die Abschlussprüfung erstreckt sich auf die in der Anlage in den Abschnitten A, D und G aufgeführten Fertigkeiten, Kenntnisse und Fähigkeiten sowie auf den im Berufsschulunterricht zu vermittelnden Lehrstoff, soweit er für die Berufsausbildung wesentlich ist.

(3) Die Abschlussprüfung besteht aus den Prüfungsbereichen:

1. Pferdehaltung und -gesundheit **a) Beurteilung von Pferdehaltungen,** **b) Beurteilung des Gesundheitszustandes von Pferden,** **c) Beurteilung von Futtermitteln, Zusammenstellung leistungsgerechter Futterrationen und Durchführung von Fütterungen,** **d) Planung und Vorbereitung von Pferdetransporten und Verladen von Pferden**	praktische Prüfung	60 min
2. Ausbildung von Pferden **a) spezielle Ausrüstung und Hilfsmittel auswählen und einsetzen,** **b) verschiedene Pferde gymnastizieren und ausbilden,** **c) Eignung von verschiedenen Pferden beurteilen, Ausbildungsstand und Trainingsmöglichkeiten vorstellen,** **d) Pferde an der Hand und in Kerndisziplinen unter dem Sattel arbeiten sowie taktrein, losgelassen, an den Hilfen und in Balance vorstellen**	praktische Prüfung	60 min
3. Ausbildung und Beratung von Reitern und Reiterinnen **a) Reiter und Reiterinnen bei der Auswahl und Ausrüstung von Pferden beraten,** **b) den Ausbildungsstand von Reitern und Reiterinnen analysieren und Ausbildungswege planen,** **c) Reiter und Reiterinnen unterrichten**	praktische Prüfung	60 min

Sperrfach:
keine 5
erlaubt!

4. Planung und Organisation **a) Planung und Bewertung leistungsgerechter Haltung von Pferden,** **b) Darstellung von Kriterien der Pferdefütterung, Auswahl von Futtermitteln sowie Berechnung und Bewertung leistungsgerechter Futterrationen,** **c) Planung und Erläuterung der Ausbildung, des Trainings, des Einsatzes und Transportes von Pferden,** **d) Planung und Erläuterung der Ausbildung und des Trainings von Reitern und Reiterinnen unter Berücksichtigung von Bewegungs- und Trainingslehre,** **e) Planung und Organisation von Veranstaltungen und Lehrgängen**	schriftliche Prüfung	120 min
5. Wirtschafts- und Sozialkunde	schriftliche Prüfung	45 min

(4) Für den **Prüfungsbereich Pferdehaltung und –gesundheit** bestehen folgende Vorgaben:

1. Der Prüfling soll nachweisen, dass er Pferde halten, diese gesunderhalten und dabei Arbeitsmittel und -abläufe festlegen, Informationen beschaffen und auswerten, Arbeitszusammenhänge erkennen, Arbeiten kontrollieren und dokumentieren, betriebliche Rahmenbedingungen, Gesichtspunkte der Nachhaltigkeit und des Tierschutzes, der Sicherheit und des Gesundheitsschutzes bei der Arbeit beachten sowie Maßnahmen zur Wirtschaftlichkeit und Qualitätssicherung ergreifen, die wesentlichen fachlichen Zusammenhänge aufzeigen und seine Vorgehensweise begründen kann;
2. für den Nachweis nach Nummer 1 sind höchstens zwei der folgenden Gebiete auszuwählen:
   a) Beurteilung von Pferdehaltungen,
   b) Beurteilung des Gesundheitszustandes von Pferden,
   c) Beurteilung von Futtermitteln, Zusammenstellung leistungsgerechter Futterrationen und Durchführung von Fütterungen,
   d) Planung und Vorbereitung von Pferdetransporten und Verladen von Pferden;
3. der Prüfling soll eine Arbeitsaufgabe durchführen und hierüber ein auftragsbezogenes Fachgespräch führen; bei der Aufgabenstellung ist

das nach § 4 Absatz 2 Abschnitt F festgelegte Einsatzgebiet zu Grunde zu legen;

4. die Prüfungszeit beträgt 60 Minuten; innerhalb dieser Zeit soll das Fachgespräch in höchstens 15 Minuten durchgeführt werden.

(5) Für den **Prüfungsbereich Ausbildung von Pferden** bestehen folgende Vorgaben:

1. Der Prüfling soll nachweisen, dass er
   a) spezielle Ausrüstung und Hilfsmittel auswählen und einsetzen,
   b) verschiedene Pferde gymnastizieren und ausbilden,
   c) Eignung von verschiedenen Pferden beurteilen, Ausbildungsstand und Trainingsmöglichkeiten vorstellen,
   d) Pferde an der Hand und in Kerndisziplinen unter dem Sattel arbeiten sowie taktrein, losgelassen, an den Hilfen und in Balance vorstellen und dabei fachliche Regelwerke umsetzen, Arbeitsmittel und -abläufe festlegen, Informationen beschaffen und auswerten, Arbeitszusammenhänge erkennen, Arbeiten kontrollieren und dokumentieren, betriebliche Rahmenbedingungen, Gesichtspunkte der Gesundheit von Pferden, der Nachhaltigkeit und des Tierschutzes, der Sicherheit und des Gesundheitsschutzes bei der Arbeit beachten sowie Maßnahmen zur Wirtschaftlichkeit und Qualitätssicherung ergreifen, die wesentlichen fachlichen Zusammenhänge aufzeigen und seine Vorgehensweise begründen kann;
2. der Prüfling soll eine Arbeitsaufgabe durchführen und hierüber ein auftragsbezogenes Fachgespräch führen; bei der Aufgabenstellung ist das nach § 4 Absatz 2 Abschnitt F festgelegte Einsatzgebiet zu Grunde zu legen;
3. die Prüfungszeit beträgt 60 Minuten; innerhalb dieser Zeit soll das Fachgespräch in höchstens 15 Minuten durchgeführt werden.

(6) Für den **Prüfungsbereich Ausbildung und Beratung von Reitern und Reiterinnen** bestehen folgende Vorgaben:

1. Der Prüfling soll nachweisen, dass er
   a) Reiter und Reiterinnen bei der Auswahl und Ausrüstung von Pferden beraten,
   b) den Ausbildungsstand von Reitern und Reiterinnen analysieren und Ausbildungswege planen,
   c) Reiter und Reiterinnen unterrichten und dabei fachliche Regelwerke umsetzen, Trainingsmittel und -abläufe festlegen, Arbeiten kontrollieren und dokumentieren, betriebliche Rahmenbedingungen, Gesichtspunkte der Gesundheit von Pferden, der Nachhaltigkeit und des Tierschutzes, der Sicherheit und des Gesundheitsschutzes bei der Arbeit

beachten, Maßnahmen zur Wirtschaftlichkeit und Qualitätssicherung ergreifen, die wesentlichen fachlichen Zusammenhänge aufzeigen sowie seine Vorgehensweise begründen kann;

2. der Prüfling soll eine Arbeitsaufgabe durchführen und hierüber ein auftragsbezogenes Fachgespräch führen; bei der Aufgabenstellung ist das nach § 4 Absatz 2 Abschnitt F festgelegte Einsatzgebiet zu Grunde zu legen;
3. die Prüfungszeit beträgt 60 Minuten; innerhalb dieser Zeit soll das Fachgespräch in höchstens 15 Minuten durchgeführt werden.

(7) Für den **Prüfungsbereich Planung und Organisation** bestehen folgende Vorgaben:

1. Der Prüfling soll nachweisen, dass er Pferde halten und gesunderhalten sowie Pferde, Reiter und Reiterinnen ausbilden und trainieren und dabei fachliche Regelwerke umsetzen, Arbeiten planen, kontrollieren und dokumentieren, betriebliche Rahmenbedingungen, Gesichtspunkte der Gesundheit von Pferden, der Nachhaltigkeit und des Tierschutzes, der Sicherheit und des Gesundheitsschutzes bei der Arbeit sowie der Wirtschaftlichkeit und der Qualitätssicherung beachten und die wesentlichen fachlichen Zusammenhänge darstellen und Lösungen begründen kann;
2. für den Nachweis nach Nummer 1 sind zwei der folgenden Gebiete auszuwählen, wobei ein Gebiet aus den Buchstaben a oder b und ein Gebiet aus den Buchstaben c bis e auszuwählen ist:
   a) Planung und Bewertung leistungsgerechter Haltung von Pferden,
   b) Darstellung von Kriterien der Pferdefütterung, Auswahl von Futtermitteln sowie Berechnung und Bewertung leistungsgerechter Futterrationen,
   c) Planung und Erläuterung der Ausbildung, des Trainings, des Einsatzes und Transportes von Pferden,
   d) Planung und Erläuterung der Ausbildung und des Trainings von Reitern und Reiterinnen unter Berücksichtigung von Bewegungs- und Trainingslehre,
   e) Planung und Organisation von Veranstaltungen und Lehrgängen;
3. der Prüfling soll berufstypische Aufgaben schriftlich bearbeiten; bei der Aufgabenstellung ist das nach § 4 Absatz 2 Abschnitt F festgelegte Einsatzgebiet zu Grunde zu legen;
4. die Prüfungszeit beträgt 120 Minuten.

(8) Für den **Prüfungsbereich Wirtschafts- und Sozialkunde** bestehen folgende Vorgaben:

1. Der Prüfling soll nachweisen, dass er allgemeine wirtschaftliche und gesellschaftliche Zusammenhänge der Berufs- und Arbeitswelt darstellen und beurteilen kann;
2. der Prüfling soll praxisbezogene Aufgaben schriftlich bearbeiten;
3. die Prüfungszeit beträgt 45 Minuten.

(9) Die einzelnen Prüfungsbereiche sind wie folgt zu gewichten:

1. Prüfungsbereich Pferdehaltung und -gesundheit	20%
2. Prüfungsbereich Ausbildung von Pferden	20%
3. Prüfungsbereich Ausbildung und Beratung von Reitern und Reiterinnen	20%
4. Prüfungsbereich Planung und Organisation	30%
5. Prüfungsbereich Wirtschafts- und Sozialkunde	10%

(10) Die Abschlussprüfung ist bestanden, wenn die Leistungen

1. im Gesamtergebnis mit mindestens „ausreichend“,
2. im Prüfungsbereich Ausbildung von Pferden mit mindestens „ausreichend“,
3. in mindestens drei der übrigen Prüfungsbereiche mit mindestens „ausreichend“ und
4. in keinem Prüfungsbereich mit „ungenügend“ bewertet worden sind.

(11) Auf Antrag des Prüflings ist die Prüfung in einem der mit schlechter als ausreichend“ bewerteten Prüfungsbereiche, in denen Prüfungsleistungen mit eigener Anforderung und Gewichtung schriftlich zu erbringen sind, durch eine mündliche Prüfung von etwa 15 Minuten zu ergänzen, wenn dies für das Bestehen der Prüfung den Ausschlag geben kann. Bei der Ermittlung des Ergebnisses für diesen Prüfungsbereich sind das bisherige Ergebnis und das Ergebnis der mündlichen Ergänzungsprüfung im Verhältnis von 2:1 zu gewichten.

§ 12
Bestehende Berufsausbildungsverhältnisse

Berufsausbildungsverhältnisse, die bei Inkrafttreten dieser Verordnung bestehen, können unter Anrechnung der bisher zurückgelegten Ausbildungszeit nach den Vorschriften dieser Verordnung fortgesetzt werden, wenn die Vertragsparteien dies vereinbaren.

§ 13
Inkrafttreten, Außerkrafttreten

Diese Verordnung tritt am 1. August 2010 in Kraft. Gleichzeitig tritt die Verordnung über die Berufsausbildung zum Pferdewirt vom 1. November 1975 (BGBl. I S. 2719), die durch Artikel 1 Nummer 7 der Verordnung vom 20. Juli 1979 (BGBl. I S. 1145) geändert worden ist, außer Kraft.

Ausbildungsrahmenplan für die Berufsausbildung zum Pferdewirt/zur Pferdewirtin Abschnitt A: Gemeinsame berufsprofilgebende Fertigkeiten, Kenntnisse und Fähigkeiten

1	Tiergerechte Pferdehaltung; Pferdefütterung	a) Verhaltensweisen von Pferden analysieren und im Umgang berücksichtigen b) Pferde entsprechend Haltungsform und Verwendung pflegen und füttern c) Pferdehaltungssysteme und Stalltechnik beurteilen d) Pferdehaltungssysteme reinigen, insbesondere Einstreu auswählen, einsetzen und entfernen e) Futtermittel und Einstreu beurteilen und lagern	22 Wochen in 1. Ausbildungshälfte	
		f) Stallklima beurteilen g) Futterrationen gestalten und Fütterung überprüfen		6 Wochen in 2. Ausbildungs-
2	Tierschutz und Tiergesundheit	a) Gesundheitszustand feststellen, Gesundheitsvorsorge durchführen, Notfallpläne erstellen, Tierseuchenprophylaxe umsetzen, hygienische Bestimmungen anwenden sowie Impfpläne erstellen b) Desinfektionsmaßnahmen durchführen c) Sofortmaßnahmen ergreifen d) verletzte und kranke Pferde pflegen e) Hufe begutachten und pflegen f) mit Medikamenten nach tierärztlicher Anweisung umgehen	10 Wochen in 1. Ausbildungshälfte	

		g) Transporte planen, Pferde tiergerecht transportieren und die dafür geltenden rechtlichen Bestimmungen anwenden		2 Wochen in 2. Ausbildungshälfte
3	Ausbildung und Vorbereitung von Pferden für Zucht- und Leistungsprüfungen	a) grundlegende Ausbildungs- und Trainingsmethoden anwenden b) Grunderziehung durchführen c) Pferde bewegen d) Pferde zu Präsentationen vorbereiten	20 Wochen in 1. Ausbildungshälfte	
		e) Ausbildungsmaßnahmen für Pferde planen, durchführen und kontrollieren		8 Wochen in 2. Ausbildungshälfte
4	Betriebliche Abläufe und Organisation; betriebswirtschaftliche Zusammenhänge	a) Arbeits- und Betriebsanweisungen umsetzen b) Arbeitsabläufe nach rechtlichen, wirtschaftlichen und ergonomischen Anforderungen planen, durchführen und kontrollieren c) Arbeitsplatz vorbereiten und Maßnahmen zur Vermeidung von Personen-, Tier- und Sachschäden treffen d) Eingang und Verbrauch von Betriebsmitteln erfassen e) betriebliche Kommunikations- und Informationssysteme nutzen, dabei Standardsoftware und arbeitsplatzspezifische Software anwenden f) Informationen beschaffen und auswerten g) Aufgaben abstimmen und teamorientiert durchführen h) Gespräche situationsgerecht führen und Konflikte im Team lösen	8 Wochen in 1. Ausbildungshälfte	
		i) Personen bei Routinearbeiten anleiten und beaufsichtigen j) Arbeitsergebnisse		5 Wochen in 2. Aus-

		dokumentieren, beurteilen und präsentieren k) gesetzliche und berufsbezogene Regelungen anwenden, insbesondere anzeigepflichtige Tierseuchen, Tierkörperbeseitigungsgesetz sowie gesetzliche Haftungsregelungen beachten l) betriebliche Kosten und kalkulieren m) Markt- und Preisinformationen einholen, vergleichen und bewerten n) rechtliche Regelungen des An- und Verkaufs von Pferden erläutern o) bei Geschäftsvorgängen mitwirken, insbesondere Angebote vergleichen, Bestellungen vorbereiten, Rechnungen kontrollieren		bildungs-hälfte
5	Dienst-leistungen, Kunden-orientierung, Marketing	a) die Wirkung des eigenen Erscheinungsbildes und Auftretens einschätzen und beim Umgang mit Kunden berücksichtigen b) Informationen, Wünsche und Reklamationen von Kunden entgegennehmen, Bearbeitung abstimmen und bei der Arbeitserledigung berücksichtigen c) Kundengespräche situationsgerecht führen	6 Wochen in 1. Ausbildungs-hälfte	
		d) betriebliches Leistungsangebot zur Gewinnung und Bindung von Kunden präsentieren e) bei der Planung von Werbemaßnahmen mitwirken, Werbemaßnahmen umsetzen f) Kunden in fachlichen Fragen beraten		3 Wochen in 2. Ausbildungs-hälfte

6	Pferdezucht und -aufzucht	a) Pferde identifizieren und beurteilen b) rassetypische Merkmale, insbesondere im Hinblick auf Anatomie und Physiologie, erläutern c) Organisation und Strukturen der Pferdezucht erläutern	6 Wochen in 1. Ausbildungshälfte	
		d) Grundlagen der Trächtigkeit und des Abfohlens erläutern und bei der Haltung, Versorgung und beim Bewegen von Pferden berücksichtigen e) Grundlagen der Aufzucht erläutern und bei der Haltung, Versorgung und beim Bewegen von Pferden berücksichtigen		2 Wochen in 2. Ausbildungshälfte
7	Ausrüstung; Einsatz von Maschinen, Geräten und Betriebseinrichtungen	a) Ausrüstung und Hilfsmittel auswählen und einsetzen b) Ausrüstung und Hilfsmittel reinigen, pflegen, prüfen und warten c) Mängel an Ausrüstung und Hilfsmitteln feststellen und Maßnahmen zur Instandsetzung ergreifen d) Maschinen und Geräte bedienen, dabei Werterhaltung beachten e) Schutzmaßnahmen an Maschinen und elektrischen Anlagen beachten f) Maschinen, Geräte und Betriebseinrichtungen reinigen, pflegen, prüfen und warten g) Störungen an Maschinen und Betriebseinrichtungen feststellen und Maßnahmen zur Instandsetzung ergreifen h) Erste-Hilfe-Maßnahmen anwenden i) Betriebs- und Werkstoffe einsetzen und lagern	6 Wochen in 1. Ausbildungshälfte	
8	Beurteilung von	a) Geschichte der jeweiligen		10

	Pferden in einer Spezialreitweise	Spezialpferderassen im Hinblick auf das Einsatzgebiet erklären b) Zuchtziele und Zuchtstandards der jeweiligen Spezialpferderassen erklären c) Funktionen körperlicher Strukturen aus anatomischen und physiologischen Grundlagen ableiten und bei der Ausbildung berücksichtigen d) Bewegungsablauf eines Pferdes und die Qualität der Gangarten beurteilen e) Eignung für spezifische Einsatzbereiche, Disziplinen und Verwendungszwecke unter Berücksichtigung von Interieur und Exterieur beurteilen		Wochen in 2. Ausbildungshälfte
9	Grunderziehung und -ausbildung von Pferden in einer Spezialreitweise	a) Pferde durch Bodenarbeit erziehen und für das Reiten vorbereiten b) junge Pferde anreiten und die Grundausbildung in der Spezialreitweise durchführen c) Pferde unter Berücksichtigung des jeweiligen Lernverhaltens und der körperlichen Voraussetzungen für den späteren Verwendungszweck ausbilden d) Ausbildungs- und Trainingspläne für Pferde unter Berücksichtigung des Ausbildungsstandes im Breiten- und Leistungssport erstellen e) Wirkungen und Zweckmäßigkeit reitweisenspezifischer Ausrüstung erklären und entsprechend Ausbildungsstand und Verwendung des Pferdes auswählen und einsetzen f) Fehlentwicklungen in der		16 Wochen in 2. Ausbildungshälfte

		Ausbildung von Pferden analysieren sowie Lösungswege planen und umsetzen		
10	Arbeit mit Reitern und Reiterinnen in einer Spezialreitweise	a) Pferdekunde und Zusammenhänge der Spezialreitweise vermitteln b) arttypisches Verhalten des Pferdes erklären sowie tiergerechten und sicheren Umgang mit Pferden schulen c) Bodenarbeit und Erziehung von Pferden erklären und vermitteln d) System der spezifischen Reitausbildung erklären e) Reitunterricht für den Breitensport planen und durchführen f) Ausritte und Angebote für den Breitensport planen und durchführen g) Reiter und Reiterinnen auf Wettbewerbe und für den Turniersport vorbereiten und bei Turnieren unterstützen		16 Wochen in 2. Ausbildungshälfte
11	Wettbewerbsvorbereitung und Einsatz in Prüfungen einer Spezialreitweise	a) einschlägige Organisationen kennen, Regelwerke und Leitlinien anwenden b) Vorstellung von Pferden im Rahmen von Wettbewerben und Prüfungen planen c) Pferde an der Hand und unter dem Sattel in den Kerndisziplinen der Spezialreitweise vorstellen d) wettbewerbsspezifische Ausrüstungen und Hufbeschläge auswählen und einsetzen		10 Wochen in 1. Ausbildungshälfte
12	Aufbau und Organisation des Ausbildungsbetriebes	a) Aufbau und Aufgaben des ausbildenden Betriebes erläutern b) Grundfunktionen des ausbildenden Betriebes, wie Beschaffung, Vermarktung und Verwaltung, erklären	während der gesamten Ausbildung	

		c) Beziehungen des ausbildenden Betriebes und seiner Beschäftigten zu Wirtschaftsorganisationen, Berufsvertretungen und Gewerkschaften nennen d) Grundlagen, Aufgabe und Arbeitsweise der betriebsverfassungs- und personalvertretungsrechtlichen Organe des ausbildenden Betriebes beschreiben	
13	Berufsbildung, Arbeits- und Tarifrecht	a) Bedeutung des Ausbildungsvertrages, insbesondere Abschluss, Dauer und Beendigung, erklären b) gegenseitige Rechte und Pflichten aus dem Ausbildungsvertrag nennen c) Möglichkeiten der beruflichen Fortbildung nennen d) wesentliche Teile des Arbeitsvertrages nennen e) wesentliche Bestimmungen der für den ausbildenden Betrieb geltenden Tarifverträge nennen	während der gesamten Ausbildung
14	Sicherheit und Gesundheitsschutz bei der Arbeit	a) Gefährdung von Sicherheit und Gesundheit am Arbeitsplatz feststellen und Maßnahmen zu ihrer Vermeidung ergreifen b) berufsbezogene Arbeitsschutz- und Unfallverhütungsvorschriften anwenden c) Verhaltensweisen bei Unfällen beschreiben sowie erste Maßnahmen einleiten d) Vorschriften des vorbeugenden Brandschutzes anwenden; Verhaltensweisen bei Bränden beschreiben und Maßnahmen zur Brandbekämpfung ergreifen	während der gesamten Ausbildung
15	Umweltschutz	Zur Vermeidung betriebsbedingter Umweltbelastungen im	während der gesamten

		beruflichen Einwirkungsbereich beitragen, insbesondere: a) über mögliche Umweltbelastungen durch den Ausbildungsbetrieb Auskunft geben und seinen Beitrag zum Umweltschutz an Beispielen erklären b) für den Ausbildungsbetrieb geltende Regelungen des Umweltschutzes anwenden c) Möglichkeiten der wirtschaftlichen und umweltschonenden Energie- und Materialverwendung nutzen d) Abfälle vermeiden, Stoffe und Materialien einer umweltschonenden Entsorgung zuführen	Ausbildung
16	Naturschutz, ökologische Zusammenhänge, Nachhaltigkeit	a) geltende Regelungen des Naturschutzes anwenden b) ökologische Zusammenhänge beachten c) Bedeutung von Lebensräumen für Mensch, Tier und Pflanzen erklären sowie Lebensräume an Beispielen beschreiben d) Bedeutung und Ziele des Naturschutzes bei der Arbeit beschreiben e) Nachhaltigkeitsaspekte bei der Pferdehaltung, der Pferdezucht sowie der Ausbildung von Pferden, Reitern und Reiterinnen beachten	während der gesamten Ausbildung
17	Qualitätssichernde Maßnahmen	a) Ziele und Aufgaben der betrieblichen Qualitätssicherung erläutern b) betriebliche Qualitätsstandards anwenden c) Ursachen von Fehlern und Qualitätsmängeln aufzeigen, dokumentieren und zu deren Behebung beitragen	während der gesamten Ausbildung

Rahmenlehrplan der Berufsschulen

für den Ausbildungsberuf
Pferdewirt/Pferdewirtin

I Vorbemerkungen

Dieser Rahmenlehrplan für den berufsbezogenen Unterricht der Berufsschule ist durch die Ständige Konferenz der Kultusminister der Länder beschlossen worden. Der Rahmenlehrplan ist mit der entsprechenden Ausbildungsordnung des Bundes (erlassen vom Bundesministerium für Wirtschaft und Technologie oder dem sonst zuständigen Fachministerium im Einvernehmen mit dem Bundesministerium für Bildung und Forschung) abgestimmt.
Der Rahmenlehrplan baut grundsätzlich auf dem Hauptschulabschluss auf und beschreibt Mindestanforderungen.
Auf der Grundlage der Ausbildungsordnung und des Rahmenlehrplans, die Ziele und Inhalte der Berufsausbildung regeln, werden die Abschlussqualifikation in einem anerkannten Ausbildungsberuf sowie - in Verbindung mit Unterricht in weiteren Fächern - der Abschluss der Berufsschule vermittelt. Damit werden wesentliche Voraussetzungen für eine qualifizierte Beschäftigung sowie für den Eintritt in schulische und berufliche Fort- und Weiterbildungsgänge geschaffen.
Der Rahmenlehrplan enthält keine methodischen Festlegungen für den Unterricht. Bei der Unterrichtsgestaltung sollen jedoch Unterrichtsmethoden, mit denen Handlungskompetenz unmittelbar gefördert wird, besonders berücksichtigt werden. Selbstständiges und verantwortungsbewusstes Denken und Handeln als übergreifendes Ziel der Ausbildung muss Teil des didaktisch-methodischen Gesamtkonzepts sein. Die Länder übernehmen den Rahmenlehrplan unmittelbar oder setzen ihn in eigene Lehrpläne um. Im zweiten Fall achten sie darauf, dass das im Rahmenlehrplan erzielte Ergebnis der fachlichen und zeitlichen Abstimmung mit der jeweiligen Ausbildungsordnung erhalten bleibt.

II Bildungsauftrag der Berufsschule

Die Berufsschule und die Ausbildungsbetriebe erfüllen in der dualen Berufsausbildung einen gemeinsamen Bildungsauftrag. Die Berufsschule ist dabei ein eigenständiger Lernort. Sie arbeitet als gleichberechtigter Partner mit den anderen an der Berufsausbildung Beteiligten zusammen. Sie hat die Aufgabe, den Schülern und Schülerinnen berufliche und allgemeine Lerninhalte unter besonderer Berücksichtigung der Anforderungen der Berufsausbildung zu vermitteln.

Die Berufsschule hat eine berufliche Grund- und Fachbildung zum Ziel und erweitert die vorher erworbene allgemeine Bildung. Damit will sie zur Erfüllung der Aufgaben im Beruf sowie zur Mitgestaltung der Arbeitswelt und Gesellschaft in sozialer und ökologischer Verantwortung befähigen. Sie richtet sich dabei nach den für die Berufsschule geltenden Regelungen der Schulgesetze der Länder. Insbesondere der berufsbezogene Unterricht orientiert sich außerdem an den für jeden staatlich anerkannten Ausbildungsberuf bundeseinheitlich erlassenen Ordnungsmitteln:

- Rahmenlehrplan der Ständigen Konferenz der Kultusminister der Länder
- Verordnung über die Berufsausbildung (Ausbildungsordnung) des Bundes für die betriebliche Ausbildung.

Nach der Rahmenvereinbarung über die Berufsschule (Beschluss der Kultusministerkonferenz
vom 15.03.1991) hat die Berufsschule zum Ziel,

- "- eine Berufsfähigkeit zu vermitteln, die Fachkompetenz mit allgemeinen Fähigkeiten humaner und sozialer Art verbindet;
- berufliche Flexibilität zur Bewältigung der sich wandelnden Anforderungen in Arbeitswelt und Gesellschaft auch im Hinblick auf das Zusammenwachsen Europas zu entwickeln;
- die Bereitschaft zur beruflichen Fort- und Weiterbildung zu wecken;
- die Fähigkeit und Bereitschaft zu fördern, bei der individuellen Lebensgestaltung und im öffentlichen Leben verantwortungsbewusst zu handeln."

Zur Erreichung dieser Ziele muss die Berufsschule

- den Unterricht an einer für ihre Aufgabe spezifischen Pädagogik ausrichten, die Handlungsorientierung betont;
- unter Berücksichtigung notwendiger beruflicher Spezialisierung berufs- und berufsfeldübergreifende Qualifikationen vermitteln;

- ein differenziertes und flexibles Bildungsangebot gewährleisten, um unterschiedlichen Fähigkeiten und Begabungen sowie den jeweiligen Erfordernissen der Arbeitswelt und Gesellschaft gerecht zu werden;
- Einblicke in unterschiedliche Formen von Beschäftigung einschließlich unternehmerischer Selbstständigkeit vermitteln, um eine selbstverantwortliche Berufs- und Lebensplanung zu unterstützen;
- im Rahmen ihrer Möglichkeiten Behinderte und Benachteiligte umfassend stützen und fördern;
- auf die mit Berufsausübung und privater Lebensführung verbundenen Umweltbedrohungen und Unfallgefahren hinweisen und Möglichkeiten zu ihrer Vermeidung bzw. Verminderung aufzeigen.

Die Berufsschule soll darüber hinaus im allgemeinen Unterricht und, soweit es im Rahmen des berufsbezogenen Unterrichts möglich ist, auf Kernprobleme unserer Zeit wie zum Beispiel

- Arbeit und Arbeitslosigkeit,
- friedliches Zusammenleben von Menschen, Völkern und Kulturen in einer Welt unter Wahrung kultureller Identität,
- Erhaltung der natürlichen Lebensgrundlage sowie
- Gewährleistung der Menschenrechte eingehen.

Die aufgeführten Ziele sind auf die Entwicklung von **Handlungskompetenz** gerichtet. Diese wird hier verstanden als die Bereitschaft und Befähigung des Einzelnen, sich in beruflichen, gesellschaftlichen und privaten Situationen sachgerecht durchdacht sowie individuell und sozial verantwortlich zu verhalten. Handlungskompetenz entfaltet sich in den Dimensionen von Fachkompetenz, Humankompetenz und Sozialkompetenz.

Fachkompetenz bezeichnet die Bereitschaft und Befähigung, auf der Grundlage fachlichen Wissens und Könnens Aufgaben und Probleme zielorientiert, sachgerecht, methodengeleitet und selbstständig zu lösen und das Ergebnis zu beurteilen.

Humankompetenz bezeichnet die Bereitschaft und Befähigung, als individuelle Persönlichkeit die Entwicklungschancen, Anforderungen und Einschränkungen in Familie, Beruf und öffentlichem Leben zu klären, zu durchdenken und zu beurteilen, eigene Begabungen zu entfalten sowie Lebenspläne zu fassen und fortzuentwickeln. Sie umfasst Eigenschaften wie Selbstständigkeit, Kritikfähigkeit, Selbstvertrauen, Zuverlässigkeit, Verantwortungs- und Pflichtbewusstsein. Zu ihr gehören insbesondere auch die Entwicklung durchdachter Wertvorstellungen und die selbstbestimmte Bindung an Werte.

Sozialkompetenz bezeichnet die Bereitschaft und Befähigung, soziale Beziehungen zu leben und zu gestalten, Zuwendungen und Spannungen zu erfassen und zu verstehen sowie sich mit Anderen rational und verantwortungsbewusst auseinander zu setzen und zu verständigen. Hierzu gehört insbesondere auch die

Entwicklung sozialer Verantwortung und Solidarität. Bestandteil sowohl von Fachkompetenz als auch von Humankompetenz als auch von Sozialkompetenz sind Methodenkompetenz, kommunikative Kompetenz und Lernkompetenz.
Methodenkompetenz bezeichnet die Bereitschaft und Befähigung zu zielgerichtetem, planmäßigem Vorgehen bei der Bearbeitung von Aufgaben und Problemen (zum Beispiel bei der Planung der Arbeitsschritte).
Kommunikative Kompetenz meint die Bereitschaft und Befähigung, kommunikative Situationen zu verstehen und zu gestalten. Hierzu gehört es, eigene Absichten und Bedürfnisse sowie die der Partner wahrzunehmen, zu verstehen und darzustellen.
Lernkompetenz ist die Bereitschaft und Befähigung, Informationen über Sachverhalte und Zusammenhänge selbstständig und gemeinsam mit Anderen zu verstehen, auszuwerten und in gedankliche Strukturen einzuordnen. Zur Lernkompetenz gehört insbesondere auch die Fähigkeit und Bereitschaft, im Beruf und über den Berufsbereich hinaus Lerntechniken und Lernstrategien zu entwickeln und diese für lebenslanges Lernen zu nutzen.

III Didaktische Grundsätze

Die Zielsetzung der Berufsausbildung erfordert es, den Unterricht an einer auf die Aufgaben der Berufsschule zugeschnittenen Pädagogik auszurichten, die Handlungsorientierung betont und junge Menschen zu selbstständigem Planen, Durchführen und Beurteilen von Arbeitsaufgaben im Rahmen ihrer Berufstätigkeit befähigt.
Lernen in der Berufsschule vollzieht sich grundsätzlich in Beziehung auf konkretes, berufliches Handeln sowie in vielfältigen gedanklichen Operationen, auch gedanklichem Nachvollziehen von Handlungen Anderer. Dieses Lernen ist vor allem an die Reflexion der Vollzüge des Handelns (des Handlungsplans, des Ablaufs, der Ergebnisse) gebunden. Mit dieser gedanklichen Durchdringung beruflicher Arbeit werden die Voraussetzungen für das Lernen in und aus der Arbeit geschaffen. Dies bedeutet für den Rahmenlehrplan, dass das Ziel und die Auswahl der Inhalte berufsbezogen erfolgt.
Auf der Grundlage lerntheoretischer und didaktischer Erkenntnisse werden in inem pragmatischen Ansatz für die Gestaltung handlungsorientierten Unterrichts folgende Orientierungspunkte genannt:

- Didaktische Bezugspunkte sind Situationen, die für die Berufsausübung bedeutsam sind (Lernen für Handeln).
- Den Ausgangspunkt des Lernens bilden Handlungen, möglichst selbst ausgeführt oder aber gedanklich nachvollzogen (Lernen durch Handeln).

- Handlungen müssen von den Lernenden möglichst selbstständig geplant, durchgeführt, überprüft, gegebenenfalls korrigiert und schließlich bewertet werden.
- Handlungen sollten ein ganzheitliches Erfassen der beruflichen Wirklichkeit fördern, zum Beispiel technische, sicherheitstechnische, ökonomische, rechtliche, ökologische, soziale Aspekte einbeziehen.
- Handlungen müssen in die Erfahrungen der Lernenden integriert und in Bezug auf ihre gesellschaftlichen Auswirkungen reflektiert werden.
- Handlungen sollen auch soziale Prozesse, zum Beispiel der Interessenerklärung oder der Konfliktbewältigung, sowie unterschiedliche Perspektiven der Berufs- und Lebensplanung einbeziehen.

Handlungsorientierter Unterricht ist ein didaktisches Konzept, das fach- und handlungssystematische Strukturen miteinander verschränkt. Es lässt sich durch unterschiedliche Unterrichtsmethoden verwirklichen.

Das Unterrichtsangebot der Berufsschule richtet sich an Jugendliche und Erwachsene, die sich nach Vorbildung, kulturellem Hintergrund und Erfahrungen aus den Ausbildungsbetrieben unterscheiden. Die Berufsschule kann ihren Bildungsauftrag nur erfüllen, wenn sie diese Unterschiede beachtet und Schüler und Schülerinnen - auch benachteiligte oder besonders begabte - ihren individuellen Möglichkeiten entsprechend fördert.

IV Berufsbezogene Vorbemerkungen

Der vorliegende Rahmenlehrplan für die Berufsausbildung zum Pferdewirt/zur Pferdewirtin ist mit der Verordnung über die Berufsausbildung zum Pferdewirt/zur Pferdewirtin vom abgestimmt.

Der alte Rahmenlehrplan für den Ausbildungsberuf Pferdewirt wird durch den vorliegenden Rahmenlehrplan aufgehoben.

1.

Der vorliegende Rahmenlehrplan gilt für alle Fachrichtungen, schulspezifisch können Schwerpunkte gesetzt und innerhalb der Lernfelder Differenzierungen vorgenommen werden. Für den Prüfungsbereich Wirtschafts- und Sozialkunde wesentlicher Lehrstoff der Berufsschule wird auf der Grundlage der "Elemente für den Unterricht der Berufsschule im Bereich Wirtschafts- und Sozialkunde gewerblich-technischer Ausbildungsberufe" (Beschluss der Kultusministerkonferenz vom 07.05.2008) vermittelt.

2.

Der Beruf des Pferdewirtes/der Pferdewirtin ist dienstleistungsorientiert. Pferdewirte/Pferdewirtinnen orientieren ihr Handeln und Auftreten an den Erwartungen und Wünschen des Kunden. Deshalb ist der Kompetenzenerwerb in Beratung, Kommunikation, Teamfähigkeit, Urteilsvermögen und Außendarstellung integrativer Bestandteil der Lernfelder. Elemente der Kommunikation, Kundenorientierung und Qualitätssicherung werden in den Lernfeldern nur dann ausdrücklich erwähnt, wenn neben ihrer generellen Beachtung spezielle Aspekte des beruflichen Handlungsfeldes zu berücksichtigen sind.

Seine besondere Prägung erhält der Beruf des Pferdewirtes dadurch, dass die Leistungen direkt am Lebewesen Pferd einerseits und dem Kunden andererseits vollzogen werden. Daraus ergeben sich besondere Anforderungen hinsichtlich der Beachtung ethischer Grundwerte und der Fähigkeit im Umgang mit Tieren und Menschen.

Des Weiteren fließen Gesichtspunkte des Marketings, der betrieblichen Organisation und des unternehmerischen Handelns in die Tätigkeit des Pferdewirtes ein. Die Schülerinnen und Schüler werden in die Lage versetzt, bei der Vorbereitung unternehmerischer Entscheidungen mit zu wirken, diese zu verstehen, nachzuvollziehen und mit zu tragen.

Es wird aufgrund der örtlichen Gegebenheiten nicht immer möglich sein, bestimmte berufliche Handlungen in der Berufsschule von den Schülerinnen und Schülern durchführen zu lassen. In diesen Fällen sind die Lehrerinnen und Lehrer gefordert, diese Handlungen z. B. am Modell oder als Simulation umzusetzen oder gedanklich nachvollziehen zu lassen.

Mathematische und naturwissenschaftliche Inhalte sind in allen Lernfeldern integrativ zu vermitteln. Folgende übergeordnete Inhalte sind u.a. in allen Lernfeldern zu berücksichtigen:

- Tierschutz unter Berücksichtigung einschlägiger Bestimmungen
- Umweltschutz
- Naturschutz, Nachhaltigkeit und ökologische Zusammenhänge
- Ergonomie
- Unfallverhütung
- Hygiene
- Qualitätssicherung
- Umgang mit aktuellen Medien zur Informationsbeschaffung und –bearbeitung

Bei den Zielen und Inhalten der einzelnen Lernfelder handelt es sich um einen Mindestkatalog zu einzelnen fachtheoretischen Themen, die im Unterricht zu bearbeiten sind. Weitere Inhalte sind dadurch nicht ausgeschlossen.

Die Ziele der Lernfelder 4 und 5 bauen aufeinander auf.

V Lernfelder

Übersicht über die Lernfelder für den Ausbildungsberuf Pferdewirt/Pferdewirtin
Lernfelder Zeitrichtwerte in Unterrichtsstunden

Nr.	Lernfeld	1. Jahr	2. Jahr	3. Jahr
1	Betriebliche Zusammenhänge erkunden und darstellen	60		
2	Pferde pflegen und versorgen	60		
3	Futtermittel für Pferde auswählen	80		
4	Pferde beschreiben und entsprechend der Nutzung auswählen	60		
5	Pferde bewegen	60		
6	Pferde züchten		60	
7	Futterrationen verdauungsphysiologisch gestalten		60	
8	Grünland für Pferde bewirtschaften		40	
9	Haltungsformen und -systeme gestalten		60	
10	Pferde für spezielle Disziplinen trainieren und ausbilden		60	
11	spezielle Futterrationen gestalten			60
12	An zuchtorganisatorischen Maßnahmen teilnehmen			60
13	Infektionskrankheiten feststellen und kranke Pferde betreuen			40
14	Pferdesportler ausbilden			60
15	Dienstleistungen und Produkte vermarkten			60
Summe	insgesamt 880 Stunden	320	280	280

1.Ausbildungsjahr

Lernfeld 1

Betriebliche Zusammenhänge erkunden und darstellen

Zeitrichtwert: 60 Stunden

Ziel:

Die Schülerinnen und Schüler präsentieren den Aufbau und die Organisation des Ausbildungsbetriebes. Sie stellen die Beziehungen des Ausbildungsbetriebes zu Kunden, Lieferanten und Mitbewerbern dar. Sie wenden Informations- und Kommunikationstechniken an.
Die Schülerinnen und Schüler erkunden den Ausbildungsbetrieb und informieren sich über dessen Produktionszweige, Flächen- und Gebäudeausstattung sowie die Personalausstattung.
Sie verschaffen sich einen Überblick hinsichtlich der Zusammenarbeit ihres Ausbildungsbetriebes mit Fachverbänden, Behörden und Organisationen.
Die Schülerinnen und Schüler wenden arbeitsrechtliche Vorschriften im Rahmen der Berufsausbildung an. Sie überprüfen Lohnabrechnungen unter Anwendung der steuer- und sozialversicherungsrechtlichen Gegebenheiten.
Sie informieren sich über arbeits-, tarif- und steuerrechtliche Bestimmungen. Sie planen die Möglichkeiten der Fort- und Weiterbildung.
Sie sind sich Ihrer Stellung innerhalb des Betriebes bewusst und ziehen Rückschlüsse zwischen Arbeitsleistung und Gesundheit einerseits und Arbeitsplatzgestaltung und Betriebsklima andererseits.
Die Schülerinnen und Schüler vergleichen verschiedene Betriebe hinsichtlich der gegebenen Standortfaktoren und beurteilen diese bezüglich ihrer Eignung für unterschiedliche Produktionszweige.

Inhalte:

Unfallverhütungsvorschriften
Berufsbildungsgesetz
Ausbildungsordnung
Zuständige Stelle
Arbeitsschutzgesetze
Berufsausbildungsvertrag
Ausbildungsvergütung
Flächen- und Volumenberechnungen
Prozentrechnung

Lernfeld 2 1.Ausbildungsjahr

Pferde pflegen und versorgen

Zeitrichtwert: 60 Stunden

Ziel:

Die Schülerinnen und Schüler pflegen und versorgen Pferde und halten diese gesund. Dabei berücksichtigen sie die natürlichen Verhaltensweisen und Bedürfnisse der Pferde und führen Gesundheitskontrollen durch.
Sie informieren sich über Merkmale des gesunden Pferdes und verschaffen sich einen Überblick über Krankheiten und Krankheitsanzeichen.
Die Schülerinnen und Schüler informieren sich über die Aufgaben und Funktion der Haut und des Hufes und verwenden geeignete Putzgeräte und Pflegemittel für die Fell- und Hufpflege. Sie achten auf Hauterkrankungen und beugen diesen durch Einhaltung von Hygienemaßnahmen vor. Sie beraten Kunden diesbezüglich.
Die Schülerinnen und Schüler vergleichen unterschiedliche Einstreuverfahren hinsichtlich Arbeitsablauf, Einstreumenge und Auswirkungen auf das Stallklima. Sie wählen situationsbezogen geeignete Einstreumaterialien aus.
Sie verhüten Unfälle durch die regelmäßige Kontrolle und Wartung der Ausrüstungsgegenstände, Maschinen und Geräte, sowie das Tragen entsprechender Arbeitskleidung. Bei der Durchführung ihrer Tätigkeit beachten sie das Verhalten des Pferdes. Sie beugen eigenen Erkrankungen auch durch ergonomisch richtige Körperhaltung vor. Anhand der Überprüfung des Gesundheitszustandes und der Verhaltensweisen der Pferde kontrollieren sie deren Pflege und Versorgung.

Inhalte:

Rasse-, nutzungs- bzw. haltungsbezogene Besonderheiten der Pflege
Abwarten
Gesundheitsparameter
Prophylaxe
Endo- und Ektoparasiten
Tierschutzgesetz, Verordnungen und Leitlinien
Stallapotheke
Erste-Hilfe am Pferd

1.Ausbildungsjahr

Lernfeld 3

Futtermittel für Pferde auswählen

Zeitrichtwert: 80 Stunden

Ziel:

Die Schülerinnen und Schüler bestimmen Futtermittel, teilen sie nach verschiedenen Kriterien ein und sind sich der Bedeutung der Wasseraufnahme bewusst. Sie informieren sich über den grundlegenden Aufbau der Verdauungsorgane und die Grundlagen der Verdauungsphysiologie des Pferdes.
Sie erkunden die Beschaffungswege und Marktpreise geeigneter Futtermittel.
Ausgehend von den Inhaltsstoffen und vom Aufbau der Pflanzen wählen die Schülerinnen und Schüler Futtermittel aus.
Sie bewerten die Futtermittel nach Inhaltsstoffen, Verdaulichkeit und hygienischer Beschaffenheit sowie deren Preiswürdigkeit.
Sie kontrollieren regelmäßig die Futter- und Wasseraufnahme des Pferdes.

Inhalte:

Weender Analyse
Futtermittelhygiene
Qualitätsbeurteilung
Futterlagerung

Lernfeld 4 1.Ausbildungsjahr

Pferde beschreiben und entsprechend der Nutzung auswählen

Zeitrichtwert: 60 Stunden

Ziel:

Die Schülerinnen und Schüler wählen Pferde für verschiedene Nutzungsrichtungen aus. Sie informieren sich über die Entwicklungsgeschichte und Domestikation des Pferdes unter dem Einfluss des sozialen, wirtschaftlichen und politischen Wandels. Sie identifizieren Pferde, beschreiben die Körperform, das Skelett und die Funktion der Mechanik und ziehen Rückschlüsse auf die verschiedenen Nutzungsrichtungen des Pferdes. Die Schüler und Schülerinnen bewerten anhand der Leistungsfähigkeit des Pferdes ihre getroffene Auswahl. Sie erkennen krankheitsbedingte Veränderungen des Bewegungsapparates und unterstützen den Heilungsverlauf.

Inhalte:

Farben und Abzeichen
Equidenpass
Zahnalterbestimmung
Sehnen, Bänder
Muskeln
Gangarten

1.Ausbildungsjahr Lernfeld 5

Pferde bewegen

Zeitrichtwert: 60 Stunden

Ziel:

Die Schülerinnen und Schüler bewegen Pferde entsprechend deren anatomischen und physiologischen Voraussetzungen. Sie fördern dabei deren dauerhafte Bewegungs- und Leistungsfähigkeit.

Die Schülerinnen und Schüler verschaffen sich einen Überblick über verschiedene Möglichkeiten Pferde zu bewegen. Sie planen eine vielseitige Grundausbildung von Pferden und wirken bei dieser mit. Sie machen sich mit der Hilfengebung vertraut und wenden diese situationsgerecht an.

Die Schülerinnen und Schüler wählen Ausrüstungsgegenstände für Pferde aus und begründen deren Einsatz. Sie pflegen die Ausrüstungsgegenstände regelmäßig.

Im Rahmen der rechtlichen Vorgaben bewegen sie Pferde innerhalb und außerhalb des Betriebsgeländes korrekt.

Sie kontrollieren ihre Arbeit mit dem Pferd kritisch und nehmen notwendige Korrekturen vor.

Inhalte:

Gangarten
Skala der Ausbildung
Schutzausrüstung für Pferd und Mensch
Regelwerke des Pferdesports
Bahnordnung

Lernfeld 6 2. Ausbildungsjahr

Pferde züchten

Zeitrichtwert: 60 Stunden

Ziel:

Die Schülerinnen und Schüler planen die Zucht eines Fohlens und betreuen Zuchtpferde von der Bedeckung der Stute bis zum Absetzen des Fohlens.
Sie informieren sich über die Grundlagen der Vererbungslehre und über verschiedene Zuchtmethoden. Zur Erreichung eines bestimmten Zuchtzieles wählen sie die geeignete Zuchtmethode aus.
Die Schülerinnen und Schüler verschaffen sich einen Überblick über Anatomie und Physiologie der Geschlechtsorgane der Stute und des Hengstes. Sie bestimmen den optimalen Bedeckungszeitpunkt und stellen die Vor- und Nachteile verschiedener Bedeckungsverfahren und Fortpflanzungstechnologien dar.
Die Schülerinnen und Schüler beraten und betreuen Kunden bei der Planung und Durchführung einer Bedeckung unter Berücksichtigung wirtschaftlicher Aspekte. Sie wählen geeignete Zeitpunkte und Methoden für Trächtigkeitskontrollen aus und arbeiten mit Tierärzten zusammen.
Die Schülerinnen und Schüler bereiten Fohlengeburten vor und überwachen diese. Sie beobachten die Stuten- und Fohlengesundheit und führen Maßnahmen der Gesundheitsprophylaxe bis zum Absetzen durch.

Inhalte:

Euter
Milchbildung
Methoden des Absetzens

2. Ausbildungsjahr Lernfeld 7

Futterrationen verdauungsphysiologisch gestalten

Zeitrichtwert: 60 Stunden

Ziel:

Ausgehend vom Aufbau der Verdauungsorgane sowie deren Funktion gestalten und berechnen die Schülerinnen und Schüler Rationen nach verdauungsphysiologischen Gesichtspunkten.
Sie informieren sich über den Bedarf des Pferdes sowie die Kosten und Verfügbarkeit von wirtschaftseigenen Futtermitteln und Zukaufsfuttermitteln.
Die Schülerinnen und Schüler wählen Futtermittel aus und berechnen Rationen.
Sie bewerten die berechnete Ration an Hand von Faustzahlen und der Bedarfsnormen sowie des Futterzustands des Pferdes.
Die Schülerinnen und Schüler beobachten das Verhalten und die Gesundheit der Pferde und ziehen Rückschlüsse auf die Rationsgestaltung. Dadurch vermeiden sie Fütterungsfehler und Leistungsminderungen.
Die Schülerinnen und Schüler nehmen eine ökonomische Bewertung der Rationen vor.
Sie beraten ihre Kunden bei der Futterauswahl und Rationsgestaltung.

Inhalte:

Fütterungshygiene
Prozent-, Verhältnis-, Masseberechnung

2. Ausbildungsjahr

Lernfeld 8

Grünland für Pferde bewirtschaften

Zeitrichtwert: 40 Stunden

Ziel:

Die Schülerinnen und Schüler bewirtschaften Grünland und schaffen so die Grundlage für eine pferdegerechte Haltung und Fütterung.
Die Schülerinnen und Schüler bestimmen Pflanzen des Grünlandes und informieren sich über deren Futterwert sowie über die Eignung als Pferdefutter.
Sie unterscheiden Arten der Grünlandnutzung und führen die im Jahresverlauf notwendigen Pflegemaßnahmen auf dem Grünland im Hinblick auf den Pflanzenbestand sowie die Gesundheit der Pferde durch.
Sie vergleichen verschiedene Konservierungsverfahren. Die Schülerinnen und Schüler richten Pferdeweiden ein und bewirtschaften diese. Dabei beachten sie die Tiergesundheit.
Sie bewerten Grünlandflächen an Hand des Pflanzenbestandes und der Grasnarbe.
Sie kontrollieren und bewerten Einzäunung sowie Weideeinrichtungen.
Die Schülerinnen und Schüler beurteilen verschiedene technische Verfahren zur Gewinnung und Konservierung von Pferdefutter.
Sie überprüfen abschließend alle Maßnahmen auf eine nachhaltige standortgerechte ökologische und ökonomische Bewirtschaftung.

Inhalte:

natürliche Standortfaktoren
Zeigerpflanzen
Wachstumsverlauf
Düngeplan
Naturschutz
Geräte und Maschinen

2. Ausbildungsjahr Lernfeld 9

Haltungsformen und -systeme gestalten

Zeitrichtwert: 60 Stunden

Ziel:

Die Schülerinnen und Schüler halten Pferde entsprechend unterschiedlicher Ansprüche.
Sie transportieren Pferde.
Sie beschaffen sich Informationen über Haltungsformen und -systeme, erarbeiten Gestaltungsvorschläge und bewerten diese nach pferdespezifischen, ökonomischen und ökologischen Gesichtspunkten. Sie berücksichtigen dabei gesetzliche Grundlagen und Richtlinien.
Zur Schaffung pferdegerechter Haltungsbedingungen beurteilen sie auch bauliche und technische Anlagen sowie Maschinen. Dabei wenden sie Kenntnisse über deren Aufbau, Funktion, Einsatzmöglichkeiten sowie Instandhaltung an und berücksichtigen arbeitswirtschaftliche Aspekte.
Auf der Grundlage geltender rechtlicher Bestimmungen reflektieren sie die Vorbereitung und Durchführung von Pferdetransporten.
Sie bewerten die verschiedenen Haltungssysteme anhand einer selbst erarbeiteten Prüfliste.

Inhalte:

Lüftungssysteme
Volumenberechnung
Entmistungsanlagen
Mistlagerung und – verwendung
Futterlager
Gestaltung von Paddock und Außenanlagen
Bewegungshallen
Haltungsbedingte Anomalien
Einrichtung und Ausstattung von Anhängern und Transportern

Lernfeld 10 2.Ausbildungsjahr

Pferde für spezielle Disziplinen trainieren und ausbilden

Zeitrichtwert: 60 Stunden

Ziel:

Die Schülerinnen und Schüler arbeiten Pferde in speziellen Disziplinen und bereiten diese auf Leistungsprüfungen sowie pferdesportliche Veranstaltungen vor.
Sie verschaffen sich einen Überblick bezüglich der Wirkung von Training auf das Pferd und erkunden verschiedene Trainingsmethoden.
Sie erkundigen sich über Wettbewerbsanforderungen.
Unter Berücksichtigung der Gesundheit der Pferde stellen sie Trainingspläne auf, setzen diese um und beraten die Besitzer der von ihnen zu trainierenden Pferde.
Sie überprüfen den Trainingserfolg anhand verschiedener Trainingsparameter und ziehen Rückschlüsse für das weitere Vorgehen.

Inhalte:

Muskelfunktion
Herz und Kreislaufsystem
Atmungssystem
Trainingsadaption

3.Ausbildungsjahr Lernfeld 11

spezielle Futterrationen gestalten

Zeitrichtwert: 60 Stunden

Ziel:

Die Schülerinnen und Schüler beachten unterschiedliche Ansprüche an die Rationsgestaltung entsprechend der Nutzungsrichtung und wählen Futtermittel bedarfsgerecht aus.
Sie informieren sich über die Bedarfswerte der verschiedenen Leistungsgruppen.
Sie stellen spezielle Rationen unter Berücksichtigung der Prinzipien der Rationsgestaltung zusammen.
Sie berechnen die Futtermittelkosten mit betrieblichen Daten.
Die Schülerinnen und Schüler beraten Kunden bei der Gestaltung spezieller Rationen und dem Einkauf von Futtermitteln.
Sie bewerten den Erfolg der speziellen Rationsgestaltung anhand der Pferdegesundheit und des Leistungsvermögens.

Inhalte:

fütterungsbedingte Krankheiten
spezielle Diätetik
Futtermittelrecht
Doping

Lernfeld 12 3.Ausbildungsjahr

An zuchtorganisatorischen Maßnahmen teilnehmen
Zeitrichtwert: 60 Stunden

Ziel:
Die Schülerinnen und Schüler bereiten Zuchtpferde auf Zuchtveranstaltungen vor und nehmen an diesen teil.
Unter Einbeziehung moderner Medien informieren sie sich über verschiedene Selektionsmaßnahmen für Stuten und Hengste. Sie erkundigen sich nach den Eintragungskriterien einer Zuchtorganisation.
Sie beurteilen das Exterieur und die Bewegungsfähigkeit von Pferden, um deren Leistungsfähigkeit und Eignung für einen bestimmten Verwendungszweck sowie deren langfristige Gesundheit abzuschätzen. Sie orientieren sich an der Vorgehensweise eines Zuchtverbandes und wenden ein Bewertungssystem an.
Sie stellen Pferde bei Zuchtveranstaltungen vor.
Die Schülerinnen und Schüler beraten Kunden über die Formalitäten im Zusammenhang mit einer Bedeckung. und erläutern den Aufbau und die Aufgaben eines Zuchtverbandes.
Die Schülerinnen und Schüler interpretieren Ergebnisse von Selektionsmaßnahmen und nehmen Stellung zur Zuchtauswahl in einem Betrieb.
Inhalte:
Tierzuchtgesetz
Deckschein
Besamungsvertrag
Abstammungsnachweis

3.Ausbildungsjahr

Lernfeld 13

Infektionskrankheiten feststellen und kranke Pferde betreuen

Zeitrichtwert: 40 Stunden

Ziel:

Die Schülerinnen und Schüler wirken umsichtig bei der Behandlung des kranken Pferdes mit und berücksichtigen den eigenen Gesundheitsschutz.
Die Schülerinnen und Schüler unterscheiden verschiedene Infektionskrankheiten und deren Übertragungswege. Sie informieren sich über die Immunprophylaxe und die hygienischen Anforderungen in der Pferdehaltung.
Sie unterstützen den Tierarzt bei der Behandlung von Pferden.
Sie planen den Einsatz von Reinigungs- und Desinfektionsmitteln zur Durchführung prophylaktischer Maßnahmen und führen Berechnungen zum sicheren und wirkungsvollen Einsatz der Mittel durch.
Sie erstellen einen Impfplan und veranlassen die Durchführung der entsprechenden Schutzimpfungen.
Sie halten gesetzliche Regelungen ein und achten besonders beim Transport von Pferden auf die Vermeidung der Ausbreitung von Infektionskrankheiten.
Sie überprüfen den Erfolg ihrer Maßnahmen anhand des Gesundheitszustandes des Pferdebestandes.
Sie vergleichen die im Impfplan vorgesehenen Impfungen mit den Eintragungen im Impfpass.

Inhalte:

Krankheitserreger
Passive und aktive Immunisierung
Tierseuchengesetz
Tierseuchenkasse

Lernfeld 14 3.Ausbildungsjahr

Pferdesportler ausbilden

Zeitrichtwert: 60 Stunden

Ziel:

Die Schülerinnen und Schüler erteilen Unterricht in Disziplinen des Pferdesports, treffen mit den Sportlern eine Auswahl geeigneter Wettbewerbe und begleiten sie bei deren sportlichen Einsätzen. Sie informieren sich über die Grundsätze der Sportpädagogik und Unterrichtserteilung und verschaffen sich einen Einblick in die menschlichen Anatomie, Motorik, Physiologie und Entwicklungspsychologie.
Sie planen Unterrichtseinheiten für Pferdesportlerinnen und Pferdesportler und führen diese durch. Dabei berücksichtigen sie Sprachmodulation, Rhetorik und Fachsprache. Sie motivieren Pferdesportler und wissen mit Konfliktsituationen umzugehen. Sie sind sich ihrer Vorbildwirkung bewusst und treten entsprechend auf.
Die Schülerinnen und Schüler wählen nach Bedarf die richtigen Ausrüstungs- und Hilfsmittel für die Pferdesportler und Pferd aus und begründen ihren Einsatz.
Sie überprüfen gemeinsam mit den Pferdesportlerinnen und Pferdesportlern Zielsetzung und Erfolg ihres Unterrichts und führen situationsgerechte Korrekturen durch.
Sie reflektieren mit ihnen die Ergebnisse ihrer Trainings- und Wettbewerbserfolge und beraten Pferdesportlerinnen und Pferdesportler hinsichtlich ihrer konstitutionellen und konditionellen Fitness.

Inhalte:

Unterrichtsstile
Trainingsmethoden
Mentaltraining
Menschliche Ernährung
Fürsorge- und Aufsichtspflicht
Versicherungsschutz/Haftung

3.Ausbildungsjahr

Lernfeld 15

Dienstleistungen und Produkte vermarkten

Zeitrichtwert: 60 Stunden

Ziel:

Die Schülerinnen und Schüler stellen die Angebotspalette eines pferdehaltenden Betriebes dar. Sie entwickeln an Zielgruppen orientierte Vermarktungsmöglichkeiten der unterschiedlichen Dienstleistungen und Produkte. Sie erkunden den Markt für ihre Dienstleistungen und Produkte.
Sie berechnen Erfolgsparameter eines Betriebes oder Betriebszweiges. Dazu ermitteln sie die Preise einzelner Betriebsmittel und Produktionsfaktoren und stellen die Gesamtkosten von Produktionsverfahren zusammen. Dabei berücksichtigen sie Faktoren, die die Preise und Kosten beeinflussen und nutzen die gewonnenen Daten als Voraussetzung für ökonomische Entscheidungen. Darauf aufbauend kalkulieren sie ökonomisch sinnvolle Kundenpreise. Die Schülerinnen und Schüler bereiten Beratungs- und Reklamationsgespräche mit Kunden und Geschäftspartnern situations- und fachgerecht vor und führen diese unter Anwendung verbaler und nonverbaler Kommunikation durch. Sie reagieren angemessen auf Kundeneinwände.
Die Schülerinnen und Schüler entwickeln Konzepte zur Organisation von einfachen Veranstaltungen und erörtern die Zusammenarbeit mit Dritten.
Sie formulieren Indikatoren der Erfolgskontrolle und berechnen Erfolgsparameter eines Betriebes oder Betriebszweiges und vergleichen diese mit betrieblichen Gegebenheiten.
Sie reflektieren die Kundenzufriedenheit.

Inhalte:

Kommunikationsmodelle
Selbst- und Fremdwahrnehmung
Öffentlichkeitsarbeit
Versicherungen

Die *Edition* Pferdewirtprüfung entsteht:

[Bd. 1] Stallklima

ISBN 9-783-83709960-7

Hustende Pferde kommen immer aus einem miefigen Stall. Endlich lernen Profis mit innovativer Technik das Stallklima zu beherrschen.

[Bd. 2] Nachhaltige Fütterung

ISBN 9-783-83913120-6

Nachhaltiges Handeln und ein praxisorientiertes Qualitätsmanagement garantiert eine tiergerechte Ernährung, macht Pferde leistungsfähiger, gelassener, lässt sie länger leben und senkt die Futterkosten drastisch.

[Bd. 3] Formeln&Faustzahlen

ISBN 9-783-83915426-7

Wie oft atmet das Pferd im Galopp, wie ist ein Reitboden aufgebaut, hat der Schmied gut gearbeitet und was ist eigentlich ein Phänotyp? Viele Fragen, viele Antworten. Ein Buch.

...dann klappts auch mit der Prüfung

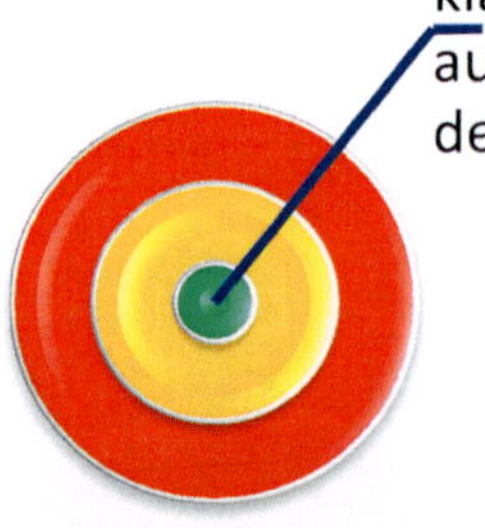

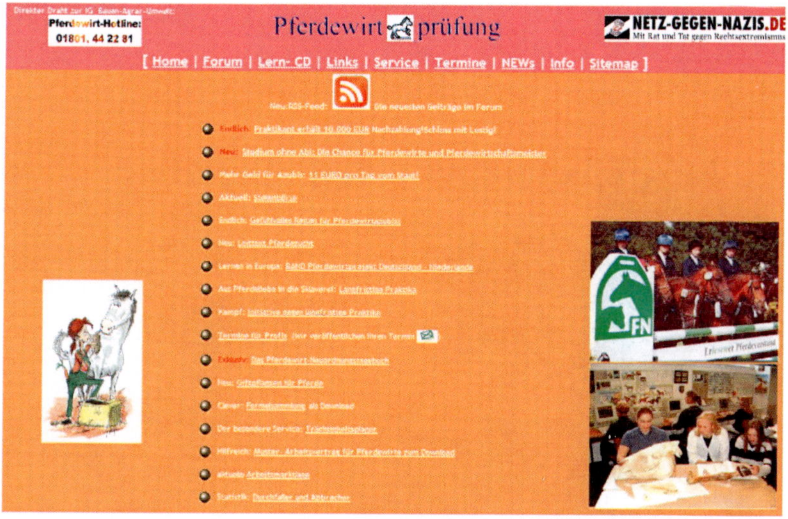

www.pferdewirtpruefung.de

Unabhängige, engagierte Informationen über den Beruf Pferdewirt:

- ☑ innovativ
- ☑ mutig
- ☑ nah am Beruf
- ☑ ehrlich
- ☑ ungeschminkt
- ☑ kostenfrei
- ☑ hilfreich
- ☑ aktuell

Hilfe ist nur einen Mausklick entfernt.

Nachhaltige Pferdefütterung
Genutzt vom NRW- Landgestüt Warendorf
programm
WINration
Rationsberechnung
Dietbert Arnold
Rene Müller
Rationsberechnungsprogramm
Qualität aus dem FNverlag

aid infodienst
Verbraucherschutz, Ernährung, Landwirtschaft e.V.

Arbeitskreis der zuständigen Stellen für die Berufsbildung
im Verband der Landwirtschaftskammern e. V.

Leittexte

Selbstbestimmtes Lernen für einen erfolgreichen Berufsstart

Pferdefütterung

Futtermittelpreise

Exterieurbeurteilung

Giftpflanzen

Kostenrechnung

Arbeitsvertrag

Pferdezucht

Pferdebox

Grünland

Kostenfreier Download unter www.leittexte.de